书山有路勤为径，优质资源伴你行

注册世纪波学院会员，享精品图书增值服务

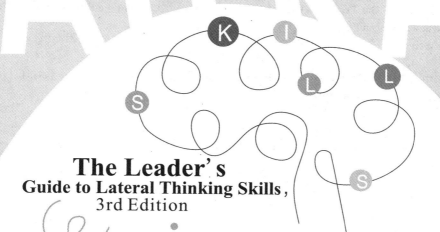

The Leader's
Guide to Lateral Thinking Skills,
3rd Edition

水平思考法
突破创新的思考方式

［美］保罗·斯隆（Paul Sloane） 著

陈秋萍 译

电子工业出版社·

Publishing House of Electronics Industry
北京·BEIJING

版权贸易合同登记号　图字：01-2017-8741

图书在版编目（CIP）数据

水平思考法：突破创新的思考方式 /（美）保罗·斯隆（Paul Sloane）著；陈秋萍译. 一北京：电子工业出版社，2018.5

书名原文：The Leader's Guide to Lateral Thinking Skills, 3rd Edition

ISBN 978-7-121-34109-0

Ⅰ．①水… Ⅱ．①保… ②陈… Ⅲ．①创造性思维—研究 Ⅳ．①B804.4

中国版本图书馆 CIP 数据核字(2018)第 082208 号

策划编辑：晋　晶
责任编辑：袁桂春
印　　刷：北京天宇星印刷厂
装　　订：北京天宇星印刷厂
出版发行：电子工业出版社
　　　　　北京市海淀区万寿路 173 信箱　　邮编 100036
开　　本：720×1000　1/16　印张：12.25　字数：149 千字
版　　次：2018 年 5 月第 1 版（原著第 3 版）
印　　次：2022 年 1 月第 6 次印刷
定　　价：65.00 元

凡所购买电子工业出版社图书有缺损问题，请向购买书店调换。若书店售缺，请与本社发行部联系，联系及邮购电话：（010）88254888，88258888。

质量投诉请发邮件至 zlts@phei.com.cn，盗版侵权举报请发邮件至 dbqq@phei.com.cn。

本书咨询联系方式：（010）88254199，sjb@phei.com.cn。

前　言

"外面有一个企业家正在造一颗印有你公司名字的子弹。你现在只有一个选择——先开枪。你要比那些创新者还要创新。"

——盖里·哈梅尔（Gary Hamel）

当今商业世界中的许多首席执行官、总经理和高级经理人关注提高效率，让业务运营得更好，以及提供更好的客户服务。他们极其努力，也认为自己做得不错。其实并非如此。这是因为在已有的业务上进行增量改进并不够。除了改进现有的运营之外，领导者必须花时间来寻找满足客户需求的全新方法。他们应该选择和改进实现企业目标的不同的、更好的方法。除了经营现在的业务之外，他们还应该开始大胆的、新的行动——有一些会失败，而有一些会成功。最重要的是，他们必须鼓励员工并授权给员工，让他们采取有创造力的、有创业精神的方法去探索新的机会。

总经理不断努力通过规模效益和降低成本来改善现金流，努力增加股东价值。但是，你可以节省多少成本是有严格限制的。在经济全球化的浪潮中，你在低成本国家的竞争者可能会打败你。创造价值的最好方

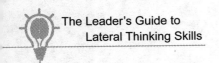
法是赶在竞争者前面进行创新，以独一无二的方法创造暂时的垄断。通过利用你最大的资产——人才——来实现这点。目标是要将他们变为乐观的、不断寻求新的业务方法的创业者。

这就要用到水平思考。水平思考指从新的方向、新的角度来应对业务挑战，以想出根本的、更好的解决方案。关键是领导者要在团队中培养和发展水平思考技能。你如何将所有员工变成有创造力的创业者？你如何激励员工，让他们不要将问题看作成功的障碍而是看作创新的机会？你如何激励员工变成勇敢无畏的探险者？你如何在日常工作中用实际的技巧，通过以身作则，启发和激励你身边的人变得更有创造力？本书的目标是为你提供水平思考的工具和方法来营造创新的氛围，将你的组织变为创新的源泉。这是我们的目标。

维珍集团的理查德·布兰森（Richard Branson）、特斯拉汽车和太空探索技术公司的埃隆·马斯克（Elon Musk）、亚马逊的杰夫·贝佐斯（Jeff Bezos）和优步的特拉维斯·卡兰尼克（Travis Kalanick）都以鼓励和欢迎员工的想法——并快速对这些想法采取行动——而闻名。

首先，我们要探讨怎样才能成为水平思考领导者，激励人们去冒险，营造创新的氛围，然后用有创造性的方法来培养人们的技能。我们将看到这些领导者是如何描绘组织愿景、沟通组织愿景并从愿景中得出目标的。他们在企业文化上下了很大的功夫，创建了开放、质疑和接受新想法的企业文化。我们还会解释水平思考领导者使用的和代表的创造性的原则，并且会查看实施这些原则的一些实际的练习。我们会解释相关的结构和策略，这些是使创新成为整个组织运作中的一个过程所需要的，就像血在血管里流淌一样。我们还会列举各行各业中通过运用这些原则和过程实现创新的人的例子。为了挑战你创造性解决问题的技能，我们也会安排一些水平思考问题的例子让你解决。

创建真正创新和有创业精神的企业的关键因素可以总结为下面 9 个：

1. 描绘激励人心的愿景。

2. 营造开放、接纳和质疑的文化。

3. 给各个级别的人授权。

4. 为创新设定目标、截止日期和度量方法。

5. 用创造性的方法产生大量想法。

6. 对想法进行审核、组合、过滤和选择。

7. 为有前景的提案创造原型。

8. 欢迎失败并管理好风险。

9. 分析结果，推出成功的项目。

目 录

01 创新的需要

"每个组织都必须准备好抛弃它所做的一切。"

——彼得·德鲁克（Peter Drucker）

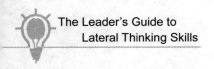 **变革的挑战**

　　有时候你所处的环境如此艰难，以至于你找不到走出困境的方法。你必须自己思考走出困境的方法。但是，大多数组织拒绝快速的、不连续的变化。组织管理者还想像过去一样经营公司。这就好像他们学会了从 A 走到 B，然后现在他们发现从 B 走到 C 很难，所以他们尝试走快一点儿。他们更加努力，试图提高效率，但仍无法到达目的地。他们需要做的不是更加努力，而是更加聪明——用不同的方法。有一种比走更好的方法可以从 B 到达 C：可能是开车或乘坐直升机。有一种更好的方法可以实现你的组织的目标，如果你足够努力寻找，你会找到的。但是，如果你仅仅盯着现在的业务、关注的方向，你就无法往新的方向看。

　　许多组织都被困于它们的标准运营方式。

　　它们努力让现有的模式运作得更好，并没有花时间寻找更好的模式、更好的做事方法。就像管理大师盖里·哈梅尔所说："大多数公司都是为持续改进而建的，而非为间断的创新而建的。它们知道如何做得更好，却不知道如何做得不同。"

　　英特尔董事会主席安迪·格鲁夫（Andy Grove）说："只有偏执狂才能生存。"你必须偏执于改善你提供给客户的产品和服务，因为如果你不这样做，别人会这样做。英特尔的理念是通过不断推出更好的处理器来取代已经成为市场领导者的英特尔产品，从而蚕食自己的业务。格鲁夫知道，躺在自己的桂冠里休息，必定导致自满并且败给创新的竞争对手。

　　体现这种方法的还有宝洁公司旗下的吉列，它制定了一个使自己的产品过时的政策。吉列故意推出更多的刀片或更好的功能，以取代市场主导的吉列剃刀。吉列不允许长时间地止步不前，给竞争对手让路。和英特尔一样，每当吉列推出新产品时，它都已经开始研发取代该产品的产品了。成功的公司及其领导者不允许因为成功而放慢创新的步伐，它们永无止境地不断超越自己。

组织的管理者除了定期的目标之外，还有责任发起并指导变革。每个人都要分担改变组织的共同责任，使组织能更好地满足客户的需求，并不断寻求创新的方法来提供产品或服务。只是将今天做的业务做得更好是不够的。

我们往往认为，研发部门的员工才应该不断研制新产品，营销副总裁必须创造新的产品营销方式，但现实是每个人都有创新的机会和责任。销售副总裁必须找出新的方法来接触客户并激励他们的渠道合作伙伴。人力资源总监必须找到创造性的方式来吸引和留住员工。首席财务官必须寻找新的流程，在提高服务质量的同时从供应链中降低成本。首席信息官必须寻找新的方式按时交付项目，并使其容易为人们理解和使用。

企业竞争激烈。在当今疯狂的市场经济中，要区分出自己越来越难。当消费者的选择丰富了以后，以前的好产品就会成为普通的产品。挑战在于想出新的、更好的方法来满足客户的需求。为了真正拥有竞争力，你必须有所不同，这意味着要进行水平思考和创新。

要在当今世界做到这点，需要一种不同的领导风格：水平领导。当需要的是明确过程的命令和控制时，常规的领导者是好的。但是，当对于快速、不连续的变化，水平领导者能更好地应对。水平领导者着重培养团队在创新、创造力、冒险和创业方面的技能。水平领导者通过发起变革来应对变化。

20 世纪 70 年代后期，瑞士钟表业面临灭顶之灾。日本钟表企业激烈的竞争，大批量生产廉价而优质的电子产品，推动欧米茄、浪琴和天

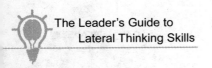

梭等主要瑞士品牌退出市场。尼古拉斯·海耶克（Nicholas Hayek）对瑞士两家最大的钟表制造商 ASUAG 和 SSZH 历时四年多的重组后，最终创立了 Swatch 集团——生产低成本、高科技、富有艺术感和情感的手表。新公司在五年内成为世界上最大的钟表制造商。海耶克成了董事长。Swatch 通过制作有趣、时尚和可收藏的手表，重写了钟表行业的规则。

改变、创造力与创新

改变是从一种状态变成另一种状态，但改变不一定是创新。教堂变为体育俱乐部，这是彻底的改变，但没有创新。但是，将祈祷与有氧运动结合在一起的教堂就是创新。创新给已有的东西带来了新的东西。同样，一家为降低成本而裁员一半的公司进行了重大的改变。但是，一家从根本上找到了一条新的途径来为客户服务的公司就是创新。

> 改变：修改，使变得不同，从一种状态变为另一种状态。
>
> 创造力：创造的状态或品质，创造的能力。
>
> 创新：引入新事物的行为，作为新奇事物引入的东西。
>
> 水平思考：寻求以新的方式看待问题而不是采取合乎逻辑的步骤来处理的思维。

一个有创造力的人或组织不一定是创新的。创造力是创造的能力或才能。它是关于产生想法的。创新是实施新事物。创新意味着采取有创造性的想法并将其变为现实，实施它们。创新不仅仅是发布新产品，还包括新的业务流程、新的做事方法、彻底不同的联盟、新的市场与商业策略等。

我们必须把创造力看成实现目的的手段而不是目的本身。最后是创新——实现一个想法。不受任何原则或创新过程约束的、不受控制的创造力，最多只能分散注意力，最坏的情况会对组织有害。创造力需要专注于公司的目标，并且必须成为创新过程的一个漏斗。创新意味着采取最有前途的想法并对其进行真实的测试。并非所有人都会成功，许多人会失败。尽管一路上会有失败，在真正具有创新意识的组织中，人们会一直寻找新的、具有探索精神的方式来实现他们的目标。

🐾 水平思考

创造性思考是描述任何新方法的通用术语。水平思考是爱德华·德博诺（Edward de Bono）创造的一个术语，用来描述从根本上找到新的问题解决方法——从侧面而不是正面——的一套方法和技术 。

20世纪初，所有商店都是由售货员为顾客提供服务的。顾客会到柜台来，然后售货员会取来顾客需要的商品。20世纪20年代，一个名叫迈克尔·卡伦（Michael Cullen）的人有了不同的看法。他问了这个问题："如果让顾客自己去挑选他们想要的商品，最后再付钱，会怎么样？"无疑有许多人反对这个观点："顾客需要服务，他们不想自己做所有的工作。""如果没有售货员帮助他们，人们会感到困惑。""你的意思是让人们在商店后面徘徊？"但是，卡伦坚持下来了，建立了世界上第一个超市——新泽西州的卡伦国王商店。

多么简单的想法，但又是多么强大的想法。让顾客为自己服务的概念不仅改变了我们的商店，也改变了我们的城市布局——小商店遍布的老式大街被大型自助式超市取代了。迈克尔·卡伦做了一些水平的思考。他通过构思一种全新的为顾客服务的方式，然后将他的想法推向实现，展现了水平的领导力。创造性思考和水平思考的区别在于引入任何一种新的商店和引入一种全新的购物方式——超市——之间的区别。

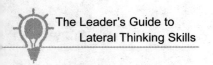

本书将展示水平领导者如何运用创造性思考和水平思考将组织变成充满新思想的创业精神的孵化器。水平领导者启发并指导他们的团队，使他们的团队成为真正有创造力的劳动力，实现他们从未想到会成为可能的突破性的解决方案。

水平思考测验

水平思考测验是你不得不用不同的方式来思考、不同的方法来解决的问题。它们通常被用作提问技巧和有想象力地解决问题的练习。附录A有更完整的描述。当阅读本书时，你会遇到一些小测验，这些测验是让你放松的练习，也是创造性解决问题的例子。我们鼓励你质疑自己的假设，提出问题，并从新的角度来解决问题。正如附录中所解释的那样，它们是最好的团队游戏。你能想出解决这些问题的办法吗？本书最后给出了答案。

► 地铁问题 ◄

美国某城市的地铁系统灯泡被盗问题很严重。小偷拧走灯泡，给地铁系统带来成本和安全问题。负责解决这个问题的工程师不能改变灯泡的位置，而且预算有限，但他提出了一个水平的解决方案。这个方案是什么？

6

02　水平领导者的特征

"在没有领导力的时代，社会会止步不前。当有胆量、有能力的领导者抓住变革、改进的机会时，社会就会进步。"

——哈里·杜鲁门（Harry S. Truman）

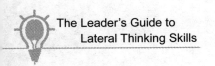

常规领导者很容易被认为是目标导向的、果断的人，非常适合结构化环境，如成熟的企业、政府部门或军队。而水平领导者采取了不同的方法来实现目标——他们更关注团队的创造力和创新。水平领导者则经常出现在偏学术型环境和智力环境的、小型的、快速发展的高科技公司。

常规领导者侧重于行动、成果、效率和流程改进。水平领导者则侧重于鼓励团队寻找新的、更好的做事方式。在本章，我们将对比两种领导者的风格和方法（见表 2.1）。

表 2.1　两种领导者的风格和方法

常规领导者	水平领导者
正面领导	水平领导
指导	激励
用常规的方法，寻求改进效率和效果	开发新的方法，寻求改变规则，改变合作伙伴或改变对待问题的方式
认为他们最懂（通常是这样）	利用他人的能力
有很强的方向感和目的感	有愿景，用愿景来激励他人
花更多时间改进日常运营问题而不是战略问题	花更多时间来寻找新的战略行动和合作伙伴，而不是解决运营问题或日常问题
给予方向和命令	询问问题，征求建议，授权
寻求更高的效率、更大的产出、更快的开发、更有野心的销售和市场	寻求新的做事方式、新的对待客户的方式、新的解决方案和新的合作伙伴
将员工当作下属	将员工当作同事
决策果断，通常不会征求他人意见	决策时征求意见和输入
运用分析的、批判性的和逻辑的思维	运用水平思考
建立有效的、可以执行策略和实施计划的管理团队	建立富有创造性和创业精神的团队
关注行动和结果	注重方向和创新以取得成果
通过备忘录和电子邮件沟通	通过公开讨论进行沟通
下指令	授权

续表

常规领导者	水平领导者
雇用员工时看重经验、证书和资格	雇用员工时看重才能、潜力和创造力
不鼓励异议	鼓励有建设性的异议
看重结果，其次才是员工	看重想法、创新和员工
在媒体、客户和外部的世界追逐自己作为领导者的名誉	与团队接触，在团队中建立声望
鼓励行动、活动、工作	鼓励想法、创新和乐趣
奖励绩效和结果	奖励创造力和冒险
以数字为导向，依赖分析	以想法为导向，依赖分析和直觉
将技术看作更好、更快和成本更低的做事方式	将技术看作完全不同的做事方式
否决他们认为有缺陷或错误的想法和自发行动	鼓励各种自发行动，通常会实施他们持怀疑态度的想法和建议
在自己的经验中寻求想法	在任何地方寻求想法

［资料来源：斯隆（Sloane），1999］

成功的领导者结合了常规领导者和水平领导者的品质。他们知道什么时候关注效率和结果，什么时候关注愿景、指导和激励。但大多数经理人都属于常规这一列。他们根植于分析、结果、效率、指挥和控制。随着其在组织中的职位升高，他们需要承担更多水平领导者的任务。他们需要放松对分析和细节的控制。他们必须更多地分配权力，专注于授权给团队去寻找实现愿景的创新方式。

一开始很有创造力、在组织中职位逐渐升高的潜在领导者，可能变得更加制度化，失去创新的热情，这样的风险是真实存在的。如果企业和组织提拔遵守企业标准的人，最终他们的领导者很可能是高效、勤奋的，在企业舒适区工作。遗憾的是，这还远远不够。今天的总裁、首席执行官或经理人，需要在想象力、愿景和勇气上具有颠覆性的影响力，

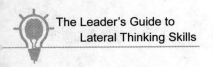
才能把组织带入新的和未知的领域。领导者必须是能激励团队勇于冒险进入未知领域的创业者。这需要常规领导者和水平领导者的技巧。

　　水平领导者是先天的还是后天的？常规领导者能否习得水平领导者的特质？每个人都能产生创造力，还是只有少数人能自然而然地产生创造力？答案是，虽然有些人天生是更好的领导者或更有创造力，但每个人都有创造力。每个人都可以学习一些方法，使自己产生更多更好的想法。每个想要担任高级职位的经理人都可以学习和运用水平领导者的特质和原则。

▶ 文化遗产破坏者 ◀

　　雅典当局非常担心游客会从帕台农神庙的古建筑上刮下碎片。这种做法是非法的，但有些游客想带点儿纪念品回家。当局如何制止这种做法？

03　创新竞赛

"在商业上，总是存在喂饱昨天、饿死明天的诱惑。"

——彼得·德鲁克

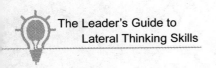
　　在研究如何培养创新、创造力和水平思考等能力之前，让我们来看看你的组织现在有多创新。要检查你的组织的创新水平，试着回答以下这些问题（见表3.1）。

表 3.1　问题列举

序号	问　题	强烈 不同意	有点 不同意	有点 同意	强烈 同意
	分数	1	2	3	4
1	每个人都理解组织的总体目标和方向				
2	鼓励和尝试新的想法				
3	我们经常举行头脑风暴或其他创造性的讨论				
4	员工受到创造力和创新的培训				
5	员工因创意而受到赞扬和奖励				
6	我们有意地复制和调整来自我们领域之外的好的想法				
7	我们指定不同部门的团队解决具体问题				
8	当我们想要解决一个问题时，我们会产生很多想法，然后在其中选出一两个进行尝试				
9	我们经常在生产之前快速构建原型或试用版来快速测试一个新想法				
10	为了解决某个部门的问题，我们要求其他部门提供想法和帮助				
11	我们确定到期要退出和更换的产品和流程				

续表

序号	问 题	强烈 不同意	有点 不同意	有点 同意	强烈 同意
	分数	1	2	3	4
12	我们设定了创新的目标,包括引进新产品和新流程				
13	我们对外部的想法抱有"不是我们发明的"的态度				
14	由于害怕失败,人们害怕冒太多风险				
15	老板的想法是最重要的				
16	我们忙于解决今天的问题,没有时间思考未来				
17	如果新的想法不在预算之内,几乎就没有实现的机会				

因此,将问题 1~12 的分数加起来,再减去问题 13~17 的分数,得到的总数就是你的创新指数。你的分数怎么样?

33 分以上:你在一个非常开明的组织中工作,创新和沟通水平很高。

25~32 分:你的组织有一个良好的创新氛围,欢迎新的想法,但还有改进的空间。

18~24 分:你的组织比平均水平要好一点,但要达到最好组织的创新水平还有很长的路要走。

11~17 分:你的组织低于平均水平,需要努力改善创新和创造性解决问题的氛围。

5~10 分:你的组织应对变化或适应新的环境存在重大障碍。这可能很危险,需要制订一个比较大的计划来解决这个问题。

4 分或以下:你的组织有根深蒂固的抗拒改变的阻力,新的想法是

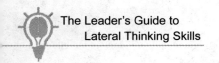
不被鼓励或奖励的。如果要生存下去，你的组织的文化需要一个长期的重大变革计划。一个补充的问题是"过去一年你的组织做了什么新的、你们的竞争对手也想做的事情"。或者换句话说，"你的组织实施了哪些对客户有积极影响的创新"。这些是创新的酸性测试。创新组织领先。它们做的事情给客户和其他行业留下深刻的印象。如果你不能想到这样的例子，或者发现这样的例子都是非常小的、增量的东西，那么你的组织可能就不是一个创新的组织。

应用本书中这些原则将提高你的创新指数。为创新而进行组织和结构化，是每个管理团队只要重视就可以做的事情。创新是可以培养、鼓励和管理的。将抗拒改变的企业文化转变成欢迎和发起改变的企业文化，是管理挑战中最棘手的问题之一，但这是必须面对的。

▶ 鞋店的洗牌 ◀

在一个小镇，有四家大小相同的鞋店，每家都有类似的鞋子。然而，有一家鞋店被盗的损失是其他鞋店的三倍。为什么会这样？如何解决这个问题？

04 奠定变革的基础

"不行动不是一个选择。"

——乔治·W. 布什（Gorge W. Bush）

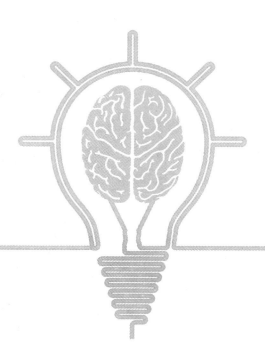

认识到变革的必要性

　　水平领导者关注改变，但在他们周围，还有很多人对目前的状况感到满意。领导者面临的第一个挑战是如何沟通变革的需要，以及如何确保整个组织的认同。"不行动不是一种选择"，必须成为需要变革但还没有充分认识到变革需求的组织的箴言。

　　企业管理者往往会自然地专注于提高效率和改进现有流程，因为很显然"我们可以做得更好"。提高效率很重要，但还不够。如果你正在制造马车，那么效率提高多少并不重要，因为汽车会让你失业。如果你正在制造煤油灯，专注于更好地生产并没有帮助，因为电灯会让你的灯过时。如果你正在制作唱片，那么你在质量改进行动上花了多少时间并不重要，因为光盘会把你消灭。如果你正在生产打字机，那么你改进机械操作没有什么帮助，因为文字处理软件将摧毁你的业务。这里要说的就是"创新打败效率"。你必须改进你正在做的事情的效率，但你也必须找到全新的、更好的做事方法。

　　领导者必须传达这样的信息，即只把我们现在所做的做得更好是不够的。如果你做你一直做的事情，那么你会得到你总是得到的东西。你必须做一些不同的事情才能得到不同的结果。你必须以聪明得多的方式去做才能获得更好的结果。

描绘愿景

　　水平领导者投入时间描绘整个组织为之努力的愿景。有很多人都在谈论"愿景"，很容易让人对它产生怀疑，但愿景很重要。在第二次世界大战的黑暗日子里，当英国独立反对纳粹分子时，温斯顿·丘吉尔从未动摇他的愿景——胜利的愿景。他用流畅的语言讲述了"阳光普照的高地"，这将成为当前忍受的艰难回报。他在一个非常困难的时刻启发了这个国家，并且让人相信胜利是可能的。

通用电气公司（GE）的愿景是"使世界更光明"，它的使命是"以科技和创新改善生活品质"。

福特汽车公司的愿景是"员工通力合作，成为精益的全球性企业，让人们的生活更美好"。

葛兰素史克（GSK）的使命宣言是"帮助人们做更多事情、感觉更好、寿命更长"。

愿景声明应该简短而鼓舞人心。它们应该避免在出色的客户服务上含混不清和粗糙的陈词滥调。愿景不应局限于今天的业务类型。它必须设定一个目标，让员工有足够的自由去设法达到目标。制药业巨头葛兰素史克并没有用药物、药品或市场等世俗的术语明确自己的使命，而是用鼓舞人心的"帮助人们做更多事情、感觉更好、寿命更长"。

为了构建企业愿景，你需要考虑四个要素：目的、使命、文化和价值观（见图4.1）。目的是组织存在的根本原因。使命表达了作为战略目标的目的。文化定义了组织的风格——它是如何做事的。价值观是组织的信念——它代表什么。这四个要素支撑了企业愿景，这是对企业目标鼓舞人心的声明。这是一个充满挑战但可以实现的梦想。愿景和使命往往是相似的，有些组织只有一个声明，而不是两个。有关如何构建愿景的更多信息，请参见第23章。

企业愿景不一定要定义得非常详细。然而，它必须是企业雄心勃勃但可以实现的目标。当肯尼迪总统在1961年设定登月目标时，他说了一句简单的话："我相信这个国家应该承诺在未来十年让人类登上月球并让登月的人安全返回地球。"这个愿景很清楚。时间表已经设定。挑

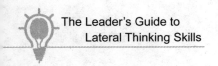
战被抛出来。它被接受和完成。描述一个令人向往的、具有挑战性的、可信的愿景，是水平领导者的任务。如果你能做到这点，那么组织将有三大收获。

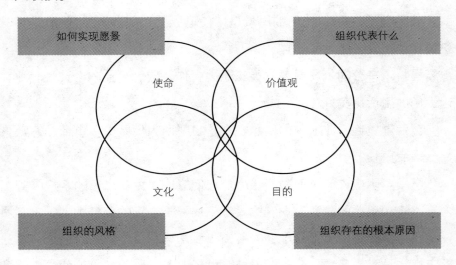

图 4.1　愿景的四个要素

首先，人们有一个共同的目标，有一种共同踏上征程或冒险的感觉。这意味着他们更愿意接受任何可能的变化、挑战和困难。

其次，这意味着更多的责任可以下放。可以赋予员工更多的权力，并对工作有更多的控制。因为他们知道自己的目标和方向，所以他们可以信任自己的木筏，并找出到达目的地的最佳航线。

最后，如果知道未来还有未解决的挑战，人们会更有创造力，贡献更多的想法。他们已经进入了冒险，所以他们已经准备好找到克服或绕过途中障碍物的路线。

愿景是构建企业计划的平台。从愿景流出企业的关键价值观和信息以及战略目标——实现愿景的长远的方式。战略目标带来短期和中期运作的战术目标。从这些目标又流出指导和激励全体员工的部门目标和个人目标。如果人们了解如何从企业愿景和战略目标中得出部门目标的过程，那么他们就可以设定自己的目标。当然，这是与团队领导进行对话的一部分。

从愿景和战略目标可以得出的另一个重要成果是创新目标。创新目标表达了组织为支持其目标而需要的新产品、流程、合作伙伴关系等具体目标。下面是一些创新目标的例子。

- 新产品线（现在不存在）第二年的产品收入达到总收入的 40%。
- 在新市场新创两个企业。
- 新的供应链流程将库存减半、供应成本降低 20%。
- 三个新的战略合作伙伴。
- 将客户响应率从 95% 提高到 98% 的新方法。
- 各部门实施新流程，以加速灵活性并将成本降低至少 15%。

这些目标和其他目标则成为衡量公司创造力和创新的指标。请注意，目标没有具体说明如何实现——这将留给将被分配这些目标的团队。目标设定的是结果，而不是手段。它们包含一些可度量的要素和时间线，但除此以之外没有限制，以便给予最大的灵活性。

愿景很重要，因为它支撑了所有后续的计划和方向设置。这个流程如图 4.2 所示。

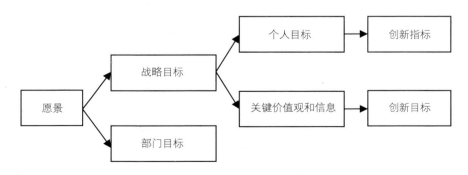

图 4.2 将愿景转化为目标和指标

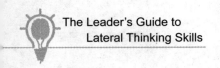

大多数大型组织都能很好地理解和执行战略目标的设定，以及部门目标和个人目标的落实。有关这些方面有许多书籍、培训课程和方法。但是，创新目标和度量的设定是战略规划过程中被忽略的一部分。我们将在本书后面继续探讨。

沟通

仅仅描绘愿景是不够的。如果没有不断强化，它很快就会从人们的视野中消失。如果你想让愿景持久下去，那么你必须以多种方式进行沟通。成为一个有效的领导者，你必须与组织内的各级人员见面，强化信息，征求他们的意见和关心的问题，获得反馈意见。水平领导者花时间与员工会面，特别是新员工。他们展示了愿景、目标和挑战；向员工解释了他们的角色对实现愿景和应对挑战至关重要。他们激励员工成为变革企业家，寻找成功的创新路线。斯图尔特·巴特菲尔德是加拿大著名的连续创业者。他以创建照片分享网站 Flickr 而闻名，并将其出售给雅虎。然后，他开发了一款游戏应用程序 Glitch，但失败了。他最新的创业公司是 Slack，一个价值超过 10 亿美元的团队沟通和项目管理平台。在《印度时报》最近的采访中，他讲述了自己所学到的一些重要的经验教训。

当被问到启动成功的关键是什么时，他说："你需要有明确的、可以传达给其他人的目的。这拥有巨大的作用。"他解释说，Instagram 有一个清晰而简单的信息——在手机上快速、公开地分享照片。Flickr 没那么成功，因为它的信息比较混杂——它用于社交照片分享，但也为业余和专业摄影师所用。他认为，Glitch 失败的重要原因是要向人们解释这个想法并不容易。如果你想成为一个初创公司，或者有任何创新的想法，如果你能够简单地解释它是什么，那么会很有帮助。究竟谁会从中受益？解决了什么问题？如果能够解释清楚，那么你的营销将更加清晰和简单。你可以简洁地向投资者、供应商、承包商和员工解释你的想法。

领导者需要的最重要的特质之一就是清晰。必须就进展和选择进行公开的辩论，一旦决定了一条路线，每个人都应该投入并朝相同的方向前进，直到下一次审查会议。用清晰取代混乱，团队会感谢你。领导者的明确目标是要为团队创造明确的目标。

为了改变组织，你必须使用各种沟通方法来让人们保持专注于目标和寻求创新的解决方案的活力。同时，你需要认真听取他们的意见，以便了解什么可行、什么不可行，然后纠正错误。当人们发挥创造力和冒险时，要赞扬他们，这至关重要，因为这样可以让人们相信风险承担是企业文化的一部分，他们不需要担心失败。当他们缺乏技能或信心时，你需要指导他们，鼓励他们进行对话，充分地讨论他们的问题及其担忧的事情。

新的沟通方法为思想的互动和交流开辟了新的途径。水平领导者鼓励人们绕过正常的迂回沟通渠道，把重大问题迅速带到最高层。他们知道，传递信息的分层方法经常因为要适应内部政治而被调整。

通用电气公司的传奇首席执行官杰克·韦尔奇（Jack Welch）是一位令人吃惊的企业愿景拥护者。他在自己的书《杰克·韦尔奇自传》（《Jack: What I've Learned Leading a Great Company a Great People》）中这样描述："每当我有想法或信息时，我想进入组织，我怎么也说不够。我在每次会议和评审上都会不断重复。我总觉得自己必须'做得过头'才能让数百人接受一个想法。"（韦尔奇，2001）

韦尔奇也敏锐地认识到沟通在培养创新文化中的重要性：

"把每个员工的思想引入这个过程中，是首席执行官的重要职责之一。如何吸收每个人最好的想法并把它们转移给别人，这是一个秘密。

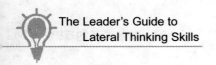
没有什么比这更重要的了。我试图成为一个海绵，吸收和质疑每个好想法。第一步是接纳任何人、任何地方的最好的想法。第二步是将学到的东西转移给整个组织。寻求更好的方式、急切分享新知识，这已经成为通用电气现在的第二天性。"（韦尔奇，2001）

许多管理者认为沟通是一个单向的过程。他们重复自己的信息，但他们不征求反馈。只有以小组或个人的方式进行咨询，才能充分了解信息是否已经收到，以及它产生的问题和令人担忧的事情。

关于设定愿景与沟通愿景的提示

- 确保每个人都明白，不行动不是一个选择。
- 沟通变革的需要。
- 描述组织的目标。将目标的益处形象化。
- 如果你今天还没有一个清晰的、有意义的愿景陈述，那就成立一个团队来创建它。
- 选择能激励和指导组织的愿景。
- 确保愿景足够宽泛，允许很大的灵活性。
- 沟通愿景以及来自愿景的信息与战略目标。
- 从愿景得出可度量的目标和期限。
- 征求反馈意见，知道人们关心的问题，并确保人们正确理解愿景。
- 帮助人们参与到这个过程中，让他们根据愿景设定自己的目标。
- 使用内联网、电子邮件或任何最新、最好的工具来实现不受约束的双向通信。

▲ **学校检查** ◣

　　一名老师知道学校督察员将在第二天进行检查。督察员会在班上提问拼写或心算，老师会选择一个学生回答。老师想给学校留下最好的印象。她给学生什么指示，才能给督察员留下最好的印象，并最大限度地让学生为每个问题提供正确的答案？

05　实现愿景

"微软唯一的资产就是人们的想象力。"

——弗雷德·穆迪（Fred Moody）

授权

你无法依靠自己就实现变革。创新所需的创意和创造力的最佳来源是组织内的团队。要把人们变成饥渴地寻找新机遇的创业者，你必须首先授权给他们。授权的目的是使他们能够通过自己的努力来实现变革。他们需要明确的目标，以便知道组织对他们的期望。他们需要提高任务所需的技能。他们需要在跨部门的团队中工作，以便创建和实施可在整个组织内部使用的解决方案。他们需要自由去取得成功。当你赋予员工自由去取得成功的时候，你也给了他们自由去承担失败。人们要理解和同意组织对他们的期望。他们的自由和责任必须匹配。他们需要培训、指导、强化和鼓励。他们需要在获得创造性解决问题的能力上得到支持，在勇敢地提出根本性的创新上得到鼓励。最重要的是，授权意味着信任。通过给予他们信任与支持，你就是在授权给他们，让他们去取得伟大的成就。

授权不仅仅是管理者设定目标，然后留给员工自己去完成，还要鼓励员工和让员工有能力自发地解决问题和抓住市场机会——以个人的形式或者更多的以快速召集起来的跨部门的小组形式。

正如罗格·范·奥驰（Roger von Oech）指出的，研究表明，有创造力的人与其他人之间的主要区别在于："有创造力的人认为自己是有创造力的，没有创造力的人不认为自己是有创造力的。"（罗格，1983）每个人身上都有创造力的火花。领导者的工作是激发和点燃这种火花。

目标是让所有人都认为自己是有权利和有责任解决问题及抓住机会的创业者——不要把它们推诿给别人。在许多组织中，问题在一个长长的指挥链中上下传递。问题被推迟、委托、转移和忽略，最终由再也无法避免这个问题的、离这个问题很远的管理者处理。在授权的组织中，

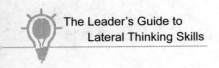

问题由遇到它们的第一位员工处理。这个人有权力解决问题并迅速采取行动。他不是孤立地去做——他会沟通。上级知道发生了什么事情，但他们相信员工会做正确的事情。这涉及风险，但它以更灵活、有效、创造性的和动态的运作模式得到回报。

信任

如果你不信任员工，你就不会授权给他们。水平领导者相信员工，让他们在商定的领域进行关键决策。习惯指挥和控制的领导者对员工进行微观管理。他们用控制取代信任。普华永道会计师事务所对顶级公司进行的一项创新调查发现，在所有营造创新氛围的因素当中，最重要的是信任。正如他们所说的："高层相信得到授权的个人能够沟通和实施变革，从而将战略目标变为现实。"

信任需要时间。这是必须挣得然后才能给予的东西。领导者在一段时间内营造了信任的氛围。这在稳定的关系中最容易建立，在这样的环境中，领导者和员工有良好的沟通，有共同的目标，理解责任的广泛界限。信任并不意味着没有监督，而意味着人们知道他们可以尝试不同的方法来实现共同的目标，意味着诚实的失败会被认为是有用的学习经验，是可以接受的。

你通过表里如一、言行一致来建立信任。人们必须知道自己的立场，知道你会履行你的承诺。如果你给他们自由去做决定，那么当事情出错时，你必须承担后果。指责会摧毁信任。保持沟通渠道的开放性和积极性是至关重要的，这样你就可以了解重要的事态发展，同时也可以让最接近行动的人做出日常决策。设定策略，讨论方法、委托、信任和沟通。

克服恐惧

人们对改变感到担忧。改变令人感到不适。变化意味着有赢家和输家。人们宁愿停留在自己的舒适区，也不愿意冒尴尬或代价高昂的失败的风险，这是很自然的。水平领导者愿意投入时间鼓励人们承担风险，并向他们保证这些风险是必要的。对失败的恐惧常常阻碍人们将自己推向新的极限。你必须证明无所作为也有风险。留在公司的舒适区是一个危险的选择。你必须向人们保证，他们不会因为冒险、值得的失败和不成功的大胆行动而受到惩罚。当然，冒险意味着冒经过估算的风险而不是无法控制的风险。每个采取危险行动的员工都需要自由，但他们也需要指导。

同样，沟通在这里也非常关键。拥有信息的人不害怕改变。正如 EDS 董事长兼首席执行官迪克·布朗（Dick Brown）所说："人们不害怕改变。他们害怕的是未知。"

简单的保证是不够的。你必须让人们表达出他们的恐惧，并告诉你他们担心的是什么。你很容易假设自己理解人们的反应，但要听他们自己说出来，这很重要，这样你才能设定正确的目标。问卷调查、局域网的公告板以及对管理层的反馈，这些都会有帮助，但要倾听、理解和克服恐惧，最好是小组讨论和一对一的谈话。你认真倾听这样一个事实，表明你关心你的员工和他们的问题。即使之前已经都听过了，但领导者还是有必要积极倾听员工提出的问题。

保持专注

通常情况下，制定变革议程要比贯彻执行更为容易。你开始的时候

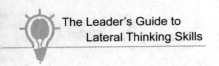
意愿很好，之后却被当前必须处理的紧急事务分心了。在史蒂芬·柯维（Stephen Covey）的《高效能人士的七个习惯》（1989）中，他解释说，大多数人关注紧急的事情（无论重要与否），但成功人士也关注重要但不紧急的事情。这些重要而不紧急的事情包括建立长期合作关系、发展企业文化、探索新机遇、推动长期变革。尽管要面对当前的许多紧急压力，但仍把注意力集中在愿景上，使战略变革发生，这是水平领导者的标志。大多数管理者都明白需要有两个"待办事项"清单。其中涵盖了需要立即处理的、详细的日常运营事务。另一个是需要在中期内解决的战略目标清单。屈服于长时间处理当前的紧急事务而将战略性事务慢慢推后的诱惑，实在太容易了。成功的领导者将确保当前的紧迫任务已经完成，但是会寻找把它们委托给员工或用优先级排序的方式来处理，这样就有时间来推动具有长期回报的战略变革和行动。

规划与准备

即使成功也从不满足，水平领导者一直在不断寻求发展业务和实施变革。不管你是在将企业文化改变得更具创新性、重组，还是实施创新产品或流程，对变革的规划与准备至关重要。这些可能看起来像常规领导者的特质，但水平领导者如果忽视它们是很危险的。对变革的每个方面，都要深思熟虑并进行建模。除了主计划之外，还应该有一个后备计划，以防变革不像预期的那样顺利进行。当微软推出 Windows 的新版本时，公司计划了大约 100 个备选方案来预测所有可能出错的事情以及如何处理每件事情。圣·安德鲁斯大学的加文·里德（Gavin Reid）教授在研究小企业生存或失败的原因时说："可逆性的概念是企业成功的一个重要因素。""制订 B 计划总是一个明智的决定，但令人惊讶的是，一些企业家甚至没有考虑这点。"（里德，2002）

必须承担风险，但应该是经过估算的风险。20 世纪 90 年代中期，马可尼公司董事会决定从安全、低增长和毫无价值的国防业务转移到电信业令人兴奋的增长型业务上，他们把整个公司都赌上了。他们是最不幸的。马可尼进入电信业务的时候，恰逢市场的一次严重衰退，此次衰退严重打击了一些成熟的公司，更是给马可尼这样的新手带来了毁灭性的打击，它从此再没有东山再起。

水平领导者就像一个漫长旅途中的旅行者。旅行者知道他的目的地，并对如何到达那里有一个计划。他在旅途中会遇到许多障碍、耽搁和困难，但是他到达目的地的决心从未动摇过。他做好了准备。当一条路被堵塞时，他找到了另一条路。当他的同伴失去信心时，他向他们保证。他通过向他们解释他们到达目的地后会有多好来激励他们。他用自己的技能和创造力来克服问题。他带领他们回到了家。

管理环境

水平领导者要注意创造一个适当的环境，让得到授权的员工具有创造力和创业精神。他们要创造有助于员工感到放松、有动力并能得到启发的环境。这可以用很多种方法，取决于你的国籍、组织文化与风格。办公室的氛围通常是非正式的，而且是动态的。在鼓励沟通而不鼓励层级、分裂和"孤岛"的环境中，员工专注，忙于工作。

人们通常认为，帮助人们具有创造力的最佳方式是给他们施加压力。如果人们在完成任务上有最后期限，那么这将有助于整个过程。但研究表明，事实并非如此。在哈佛商学院（Amabile，Hadley and Kramer，2002）针对 177 名员工的研究中，人们发现创造力在时间紧张的压力下会下降。大多数人在极度的时间压力下觉得自己一直在紧张地进行单调的工作，不太可能有创造力。调查发现，在时间压力下，人们可以具有

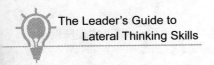
创造力，但只有在领导者能够激励他们并让他们感到有使命感的时候。人们必须有强烈的目标感，并且知道创造性的努力对结果是至关重要的。当然，缺乏压力并不能保证创意和创新。人们很容易陷入"自动驾驶"模式，他们觉得没有紧迫感。研究发现，当人们有切合实际的目标并且有时间来实现这些目标时，他们能取得最好的结果。

设计工作时，要让人们在一天的大部分时间内都能集中精力从事一项工作，而不是在许多紧急任务之间切换。水平领导者试图确保自己每天都有时间进行创造性的工作，这也适用于员工。3M 公司就是一个很好的例子。3M 公司早就有一项政策，允许员工每周花费 15%的时间在工作之外探索有趣的想法或主动行动。（Amabile，Hadley and Kramer，2002）惠普公司也有类似的政策。3M 公司和惠普公司这样做的回报可以从它们为市场带来的大量新产品和创新中看出来。

使用创新的方法

水平领导者非常重视寻找创造性的解决方案。这不是一个偶然的、只留给少数人来做的过程。这是领导者在组织文化中塑造的东西。这是通过技术、方法、培训和对疯狂想法鼓励的普遍态度来实现的。

目标是改变组织，要将只是例行公事的人转变为一支高度活跃的、一直在寻找新的更好的方法去实现愿景的创业者团队。我们想用创造性的方法来推动创新的解决方案来实现目标。但只是鼓励创新是不够的。你需要启动一个程序，向人们展示他们如何使用创造性的方法来提出新的解决方案。人们需要培训才能学习这些技能，建立信心去尝试新的方法。我们在本书中将探索这些方法和技巧。创新的领导者以身作则。在接下来的几章中，我们将探讨他们自己使用的以及鼓励他人用的原则。

关于实现愿景的提示

- 通过达成明确的目标，赋予各级人员权力，使其成为寻求实现目标途径的创业者。

- 通过你的言行来消除员工对未知和失败的恐惧。

- 尽管有许多日常干扰，但保持专注于关键战略目标。

- 创造一个鼓励创新的工作环境。

- 除正常工作外，让人们有时间进行探索和发现。

- 做好成功的计划，但也要为挫折做好准备。

- 在员工培训上进行投资，帮助他们培养创新和创造力的技能。

◢ 山火 ◣

加利福尼亚州洛斯阿尔托斯山郡县消防局的专员遇到了严重的问题。如果他们用拖拉机清除山坡上的杂草，可能引起火花，从而引发火灾。他们应该怎么做？

06　质疑你的假设

"最好的假设是，任何普遍持有的信念都是错误的。"

——DEC 公司首席执行官肯·奥尔森（Ken Olson）

"只有两样东西是无限的，宇宙和人类的愚蠢，我对前者并不确定。"

——艾尔伯特·爱因斯坦（Albert Einstein）

北方的梭鱼是一种以其他鱼类为食的大型淡水鱼。一条这样的梭鱼被放置在一个玻璃水池中，用一个玻璃隔板将其与许多小鱼分开。梭鱼不断努力想要抓小鱼，但每次鼻子都狠狠地撞到玻璃隔板。后来，工作人员小心地取下隔板，以便所有的鱼都可以在水池中四处游动。梭鱼没有攻击或吃小鱼。它学会了一个教训——攻击小鱼是毫无结果的，而且非常痛苦，所以就不再尝试。从这个故事来看，"梭鱼综合征"指的是不适应变化的环境，错误地假设自己完全了解情况。

我们经常像梭鱼一样行事。每当遇到问题时，我们都会用自己积累的经验来处理，包括我们积累的假设和偏见——有意识的和无意识的。这种精神包袱可能阻止我们接受创新的想法。我们自然会做的就是做我们一直在做的事情，但正如固特异公司（Uniroyal Goodyear）的首席执行官查尔斯·艾姆斯（Charles Ames）所说的："盲目地遵循在其他地方有效的概念，肯定会浪费人才和获得糟糕的结果。"（艾姆斯，1990）

有时候，我们构造问题的方式包含一个假设，这个假设阻碍我们解决这个问题。在中世纪，天文学的定义是"研究天体如何围绕地球转动"。这个定义意味着地球处于宇宙的中心——这是当时盛行的观点。大约在1510年，波兰天文学家尼古拉斯·哥白尼（Nicolaus Copernicus）认为，太阳是太阳系的中心，所有的行星都围绕着太阳旋转，并绕着自己的轴心自转。他不同意在生前出版自己的作品，因为他知道这样的观点是多么有争议性。

"地球是宇宙中心"的想法是根深蒂固的传统智慧，很难取代。大多数企业都有类似的想法——支撑大部分战略和决策的假设，这些假设是如此重要，以至于从未受到质疑。

关于定义可能包含限制发展的假设，还有一个例子是原子。原子最初被定义为最小的不可分割的物质单位。这意味着一个原子永远不会被

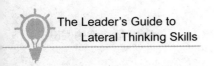

细分。这个假设使科学家很难设想分裂原子。

越是有经验和专业的人，越有可能假设结果。很多时候，专家会从已知的事实和经验中推断出预测结果。1901 年，意大利一位年轻的无线电先驱古列尔莫·马可尼（Guglielmo Marconi）来到英国对他的理论进行试验，即无线电波可以通过大西洋传播。专家们嘲笑这个想法。据了解，无线电波是直线传播的，地球是一个巨大的球体，所以专家们相当合理地认为，直直地发射出去的无线电信号将进入永恒的太空。马可尼坚持疯狂的实验，在康沃尔郡设立了发射机，在纽芬兰设立了接收机。令世界惊讶的是，他成功地将无线电信号发送到了大西洋彼岸。马可尼和专家并不知道，地球周围有一层带电荷的层，即电离层，它能反射无线电信号。专家们根据合理的事实得出结论（无线电波直线传播，而地球是一个球体），他们假设这些事实是足够的，但还有其他他们不知道的事实改变了这个方程式。

亨利·福特（Henry Ford）是一位伟大的企业家，在需要的时候可以成为专制的常规领导者，也可以成为一位鼓舞人心的水平领导者。他用生产流水线等新方法改变了制造业。据说，他曾带一个高级职位的候选人去吃午饭。当汤被送上来的时候，这位候选人在品尝汤之前就加了盐。福特因此而没有雇用他——这位候选人还没有品尝一下汤，就假设汤需要加盐。福特并不想要那种对情况进行预判的人为他工作。

我们积累的假设就像限制我们可以看到东西的围墙。当我们收集自己的基本规则、假设和经验并听取其他人的意见时，我们就建了这样的围墙。我们没有在 360 度的环境中自由地看，而是将自己的观点限制在一个狭窄的景观中。

第一次世界大战后，英法高级指挥官认为与德国的任何新战争都会与第一次战争类似——这是两支军队之间巨大的、静止的碰撞。所以法国人在法德边界建起了一道防御工事，被称为马奇诺防线（以法国战争部长马奇诺的名字命名），从北边的比利时向南延伸到瑞士。但是，当德国人在 1940 年 5 月发动袭击时，他们做了一些水平的思考，发明了一种新型快速移动的战争，称为闪电战，使用机动装甲师和伞兵。他们横扫荷兰和比利时，绕过马奇诺防线。法国在五周内就溃败了。

高级管理人员就像将军使用以前学到的技术来打新的战役一样。每一场战争都是不同的——在技术上、地形上和战术上。每个业务问题也都是不一样的。根据以前什么可行或不可行的假设做出决定，会将你限制在一个有限的选择范围里，让你看不见更好的解决方案。

银行认为针对个人贷款必须采用某些规则——最低贷款额有限制，并且要提供某种保障。1983 年在孟加拉国，穆罕默德·尤努斯（Muhammad Yunus）成立了格莱珉银行（Grameen Bank，意为"村庄银行"），直接挑战银行传统的假设，向贫穷的企业家提供小额贷款。尤努斯遭到了反资本主义激进分子的强烈反对，但事实证明这家银行非常受欢迎，并发放了数百万美元小额贷款。格莱珉银行培育了一个创新体系——人们以贷款小组的形式申请贷款并作为还款共同担保人。人们共同的非正式承诺帮助自己建立成功的企业并偿还债务。在孟加拉国，格莱珉银行增长到 2 500 多个分支机构，向 8 万个村庄的 800 多万借款人提供小额贷款。借款人有 95%是女性，贷款违约率低于 3%，比大多数传统银行要好。格莱珉银行小额信贷模式的成功已经被复制到全球 100 多个国家。2006 年，尤努斯与格莱珉银行因其为创造经济和社会发展而做出的贡献，荣获诺贝尔和平奖。诺贝尔委员会说：

"穆罕默德·尤努斯表明自己是一位领导者，他设法将愿景转化为切实的行动，不仅使孟加拉国人民受益，也使其他许多国家数百万人受益。没有任何财政保障的穷人贷款似乎是不

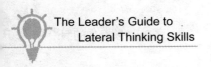

可能的想法。从 30 年前最小的起步开始，尤努斯首先通过格莱珉银行（Grameen Bank），将小额信贷发展成为与贫困作斗争的一个更为重要的手段。"

20 世纪 90 年代，微软主导了个人计算机应用软件市场。20 世纪 80 年代后期，领先的电子表格是 Lotus 1-2-3，领先的数据库是 Ashton-Tate 的 dBASE III，领先的文字处理器是 WordPerfect，领先的演示产品是 Harvard Graphics。到 20 世纪 90 年代中期，这些都被微软的产品——Excel、Access、Word 和 PowerPoint 所取代。微软拥有强大的市场地位，占据了桌面应用市场 90%的份额，并且主宰了分销渠道、经销商和零售渠道。任何试图通过传统渠道推出竞争产品的人都会被拒之门外。然而，有一家小公司却找到了将新产品推向市场的方法。网景忽略传统的上市路线，它通过互联网提供了浏览器 Netscape Navigator，并收取升级和专业版本的费用。这种新方法奏效，网景成为浏览器市场的领导者。分销渠道就好像微软的马奇诺产品防线一样，互联网让网景能够绕过防线，从侧面包抄，直接进入市场。微软过了一段时间才意识到这个威胁，一旦意识到了，它就会迅速做出反应。微软通过互联网免费提供自己的浏览器 Internet Explorer，然后通过 Windows 操作系统免费捆绑。网景失去了在浏览器市场中的主导地位，成为互联网门户和开放软件供应商。然而，当美国司法部判定微软将其浏览器与 Windows 操作系统绑定的行为是不公平的做法时，又出现了一个转折点。

这里的经验教训是，当你和一个强大的市场领导者竞争的时候，你不一定要正面攻击，而要试着改变游戏规则。例如，从一个新的方向接近客户。当大卫与歌利亚战斗时，他没有使用与敌人相同的武器。如果你面对的是一个身高 2 米的巨人，那么使用一支 1 米长的矛是没有用的。你需要用不同的方法，那就是大卫用的机弦和石子所做的。

同样，如果你是市场领导者，那么假设有很强的门槛来保护你是危险的。一个创新的小公司现在可能正在策划一个突然袭击！如果你处于有利的地位，那么你就有可能陷入成功导致的所有假设之中。我们认为我们必须做正确的事，因为我们是成功的。阻止自己拥有这种思维方式的一个方法就是把自己当成弱者。菲尔·奈特（Phil Knight）是耐克公司的首席执行官，他主导着运动鞋市场。有人引用他的话说："虽然耐克是这个行业的歌利亚，但它总像大卫。"

特拉维斯·卡兰尼克 2009 年在巴黎的时候打不到出租车，那时他就有了优步（Uber）的想法。大多数人只是抱怨或乘坐巴士或地铁，但卡兰尼克认为他有一个更好的办法。他挑战了城市交通必须利用建好的基础设施的假设。他问："我们可以利用巴黎所有愿意收费载客的司机吗？" 特拉维斯·卡兰尼克和加内特·坎普（Garrett Camp）创立了优步，这是一个移动应用程序，将乘客与车辆司机连接起来，用于提供雇用司机和乘坐分享服务。该公司在旧金山一开始只有两辆车，随后业务飙升。到 2016 年，它有超过 100 万名司机，在 66 个国家每天提供超过 300 万次的乘坐服务，估值达 620 亿美元。据称它是商业史上发展最快的新兴企业。优步的影响是如此之大，以至于它成为破坏整个行业模式的一个动词。

🖱 关于质疑假设的提示

- 认识到你和其他人对每种情况都有根深蒂固的假设。
- 提出许多基本问题，以发现和质疑这些假设。
- 假装你是一个完全的身外人，并问"我们为什么这样做呢"。
- 将情况简化为最简单的组件，以便将其排除在环境之外。
- 用不同的方式重述问题。

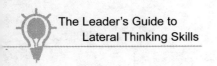

● 考虑专家和专业人士的建议，然后考虑做相反的事情。

使用以下练习来提高检查假设的技能（请参阅附录 A）：

练习 F——打破规则。

练习 N——水平思考问题。

练习 P——如果……会怎么样？

专家越好，越可能会出错，无论是在假设上还是对新思想的消极反应上。下面是一些经典的例子。

西蒙·纽科姆（Simon Newcomb，1835—1909）是当时美国著名的天文学家，他是天文学和数学教授。他宣称，空中重物的飞行是完全不可能的。在莱特兄弟第一次飞行后，他仍然声称飞机是不切实际和毫无价值的。

戴奥尼索斯·拉德纳博士（Dionysius Lardner，1793—1859）是伦敦大学自然历史与天文学教授。他警告说，高速行驶的铁路列车会因缺乏空气而使乘客窒息。他还表示，没有轮船可以穿越大西洋，因为轮船会烧光它能运的所有煤炭而沉没。

恩斯特·维尔纳·冯·西门子（Ernst Werner von Siemens，1816—1892）是发展电报业的伟大德国工程师，并创立了以他的名字命名的公司。他宣称："电灯永远不会代替天然气。"

英国著名日记作家萨缪尔·佩皮斯（Samuel Pepys，1633—1703）就莎士比亚的戏剧写下如下评论："《罗密欧与朱丽叶》——我生命中见过的最糟糕的戏剧。《仲夏夜之梦》——最平淡、最可笑的戏剧。《第十二夜》——愚蠢的戏剧。"

查尔斯·迪阿尔（Charles Dual）是美国专利局的专员，他在 1899 年发表了他的观点："所有可以发明的东西都已经被发明了。"

欧内斯特·卢瑟福（Ernest Rutherford，1871—1937）是英国著名的

物理学家，率先发明了核物理学，发现了阿尔法粒子并发展了核原子结构理论。他不相信可以利用核能，把核电的想法描述成"月光"。

开尔文勋爵（Lord Kelvin，1866—1892）是一位杰出的英国数学家和物理学家，他发明了能量守恒定律，绝对温度的开氏温标就是以他的名字命名的。他嘲笑无线电的想法，并表示："无线电没有未来。"他还说："X 射线将被证明是一个骗局。"

英国著名作家也是第一批科幻小说作家之一的赫尔斯（1866—1946）在 1902 年说："我拒绝看任何潜艇做任何事情，除了船员窒息和潜艇在海上挣扎。"

1927 年，华纳兄弟的华纳（H Warner）问："谁会想要听演员说话？"

欧文·费雪（Irving Fisher）是耶鲁大学经济学教授。1929 年，他宣称："股票已经达到了永久的高原。"

阿尔伯特·爱因斯坦在 1932 年说："毫无疑问，核能是永无止境的。"

威廉·莱希（William Leahy，1875—1959）海军上将于 1945 年告诉杜鲁门总统："原子弹不会爆炸，我是以爆炸物专家的身份这么说的。"

《倾听者》（《Listener》）的编辑雷克斯·兰伯特（Rex Lambert）在 1936 年写道："不管是在你还是我的一生中，电视都不重要。"

皇家人类学研究所的研究员约翰·兰登–戴维斯（John Langdon-Davies）在 1936 年提出："到 1960 年，工作将被限制在每天三小时之内。"

理查德·伍利爵士（Sir Richard Woolley）是英国天文学家皇家航空公司（Royal Astronomer-Royal），他于 1956 年宣布："太空旅行纯粹是无聊的想法。"

唐·罗（Don Rowe）是迪卡唱片公司（Decca Records）的负责人，他拒绝了披头士乐队。他对乐队的发起人布莱恩·爱普斯坦（Brain Epstein）说："我们不喜欢你们的男孩嗓音。吉他手乐队过时了。"

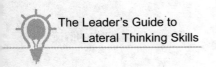
弗兰克·辛纳屈（Frank Sinatra）在 1957 年说："摇滚乐是虚假的。白痴才唱、写和演奏它。"

DEC 首席执行官肯·奥尔森在 1977 年说："没有理由任何人都需要在家里安装电脑。"

比尔·盖茨在 1981 年表示："640k 对任何人都应该够了"。

克利福德·斯托尔（Clifford Stoll）在 1995 年谈到互联网时说："没有在线数据库能取代每天的报纸，没有光盘可以代替一个称职的老师，也没有计算机网络将改变政府的工作方式。"

▶ 椰子百万富翁 ◀

有人以 1 打 5 英镑的价格买进椰子，然后以 1 打 3 英镑的价格卖出。他因此成为百万富翁。他是怎么做到的？

07 问探究性的问题

"知道一些问题比知道所有的答案更好。"

——詹姆斯·瑟伯（James Thurber）

"我一直在用六个诚实的仆人，他们教会了我一切，他们的名字叫什么、为什么、何时，以及如何、在哪里和谁。"

——鲁德亚德·吉卜林（Rudyard Kipling）

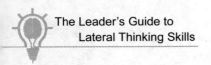
作为一名水平领导者，你要问有关业务和各种情况的基本问题。直接得出结论并快速做出决策，似乎显得很果断。但是，这些快速的决策很可能是基于现有假设和偏见的、可预测的路线，从而错过了另一个创新的机会。

一家老牌的知名钢笔公司任命了一位新的营销副总裁。在每月一次的执行会议上，他遇到了这样一个问题：怎样才能提高钢笔的销量？多年来，该公司的顶级钢笔销售量一直在缓慢下滑。这位新来的副总裁在执行会议上表达了他的意见："'怎样提高钢笔的销量'是一个错误的问题。正确的问题是'我们在做什么业务'。"他的同事不屑地看着他："我们知道我们在做什么业务——钢笔业务。""我不这么认为，"他回答，"我一直在问为什么我们的客户购买我们的钢笔，而且我知道他们购买我们的产品不是作为钢笔，而是作为礼物。当有人从办公室退休时，当有人的儿子或女儿从大学毕业时，或者作为给父亲的圣诞礼物——我们的钢笔是买来作为礼物的。我们不是在做笔的业务，而是在做礼品的业务。我们应该改变我们的定价、我们的促销、我们的分销和我们的营销来认识到这点。"他们做到了，他们变得更成功了。

水平领导者需要非常强的好奇心。你必须质疑公司的每个方面，就好像你是公司的顾问或者第一天上班的新员工一样。我们待的时间越长，这就越难。在我们工作的第一天，我们问了几十个问题：为什么我们要这样做？我们如何做到这点？做这个的目的是什么？这是什么意思？我们工作的时间越长，我们提出的问题越少，我们做出的假设越多，我们就越自满。你必须不断地提出基本的问题，并一直聆听答案。如果你在不同的时间向不同的人提出同样的问题，你会得到不同的答案——这些答案包含了什么已经发生了改变的线索。更多的探究性问题和更仔细的聆听，是让你更深入了解自己需要的最佳途径。

　　法国的一家大型建筑公司就这个问题提供了一种有趣的方法。他们要求每位新员工在公司工作几个星期后，完成一个"惊讶报告"。报告列出该员工发现的所有令人惊讶的事情，无论是好是坏。重要的是，新员工看到了在职员工认为理所当然的事情。只有新员工才能看到令人惊讶的事情——其他人都已经习以为常。

　　英特尔曾经的主要业务是制造内存芯片，但来自日本的激烈竞争使内存芯片变成一种利润微薄的商品。英特尔的创始人安迪·格鲁夫（Andy Grove）和戈登·摩尔（Gorden Moore）坐下来问了自己一些棘手的问题："如果我们被踢出局，董事会又推选了一个新的首席执行官，"格罗夫问道，"你认为他会做什么？""退出内存芯片业务。"摩尔回答。由于这一见解，他们计划从内存芯片转向设计和制造处理器芯片的高附加价值业务。（Charan and Useem，2002）为了帮助自己像刚刚任命的一支新队伍一样思考，格鲁夫和摩尔走出了他们的旧角色，像新上任的管理者一样思考。正是通过问及这个问题并重新解决问题，格鲁夫和摩尔才能够进行转型，从而改变业务。这就是发挥作用的水平领导者。

　　质疑所有人都认为理所当然的事情、认为不能被破坏的规则、认为固定不变的参数，这是很重要的。当艾萨克·牛顿爵士问"为什么苹果会从树上掉下来"这个问题时，人们一定嘲笑过他。每个人都知道东西会掉在地上，那为什么要问呢？但牛顿坚持要问。如果苹果会落到地球上，那为什么月球不会落到地球上？为什么会有潮起潮落？通过问这些问题，牛顿才发现万有引力定律和三大运动定律。

　　水平领导者询问的问题种类：

- 我们问的是正确的问题吗？
- 为什么我们需要解决这个问题？
- 为什么我们要这样做呢？

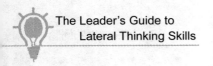
- 我们如何重述这个问题？

- 如果我们扭转了这个问题呢？

- 如果我们解决了这个问题，谁会受益？谁会输？

- 我们的业务规则是什么？如果我们违反了这些规则，会发生什么？

- 我们对这种情况有什么看法？

- 如果我们质疑这些假设，会发生什么？

- 我们可以画出问题的图吗？

- 我们可以模拟这个问题吗？

- 来自另一个星球的人如何解决这个问题？

- 如果我们拥有无限的资金和资源，我们将如何解决这个问题？

- 完全不同的业务线中的人如何解决这个问题？

- 我们如何以不同的方式来看待这个问题？

所有伟大的科学发现者都在质疑。查尔斯·达尔文提出这个问题："加拉帕戈斯的不同岛屿如何拥有如此多不同的、独特的动物物种？"从质疑和艰苦的研究中，他通过自然选择来构建自己的进化论——可能是有史以来最有影响力的想法。通过问"如果我乘一道光线去旅行，那将是什么样子的"，爱因斯坦创造了他的相对论。他想象了关于宇宙的不同观点。你能用你的想象力来构想一个完全不同的业务观点吗？从问像牛顿、达尔文或爱因斯坦可能会问的那种基本问题开始。

想象力与知识

爱因斯坦说过："想象力比知识更重要。"但是，我们更多的是在存储知识。孩子在学校的大部分时间都致力于获取、记忆和测试知识。孩子们学习方法和事实，然后学校测试他们对这些方法的应用和对这些知识的记忆有多好。我们花多少时间来培养孩子的想象力？我们花多少时间把思考培育成一项技能？太少了。知识是重要的，但并不能使迈克尔·卡伦想出超市。思维能力、创造力和想象力是创造性解决问题的关键。我们需要学习的最重要的创造性技能之一是提问的艺术。我们应该对企业的每件事、每个假设、每个规则和方法都提出质疑。我们首先应该提出一个孩子或火星人会问的基本问题：为什么我们要做这件事？为什么我们要这样做？通过质疑组织最基本的原则和我们做事的方式，我们可以为一些有创意的新想法做好准备。

创建质疑的组织

水平领导者提出很多基本问题。他们也努力确保每个人都提问题。我们鼓励每个人都问：如何做不同的事情？如何做得更好？尽管公司已经取得了巨大的成就，但保持质疑态度至关重要：我们怎么能做得更好呢？如果"只有偏执狂才能生存"，那么组织中必须产生一定的偏执狂。我们现在做得很好，但来自竞争对手和新进入者的威胁是真实的。如果水平领导者要发起组织需要的创造性变化，他们需要确保每个人都理解企业的愿景和目标，确保人们有权力去实现目标，确保他们知道必须质疑每个规则和假设，以及每种既定的做事方式。

大多数人都只问一两个问题就直奔解决方案。这是一种自然的倾向——我们认为我们理解了这个问题，强烈的解决问题的冲动释放了出来。这是自然而致命的。由于不完全的理解，很容易出现错误的结论。例如，以为问题是如何销售更多的笔。只有通过慢下来，不断地提问题，我们才能充分探索并找到更多的解决方案和更有创造性的解决方案。

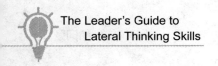

关于提问的提示

从开放式问题开始，而不要从答案为"是"或"否"的封闭式问题开始。所以，与问"我们的营销是否在产生更多的领先"（答案"不是"）相比，问"我们如何产生两倍的领先"会更好。

从质疑"如何"的问题开始，通常是有用的，例如：

- 我们如何才能实现新的愿景？
- 我们如何将成本基数降低 25%？
- 我们怎样才能把等待时间缩短一半？

这些问题意味着增量或边际改进是不够的。我们正在寻求重大改进。当你正在探索一个情况或问题时，一连串"为什么"的问题被揭示出来。例如，看下面这个问题和答案的序列。

人们为什么买我们的吹风机？

吹干头发。

他们为什么要吹干头发？

因为头发湿了。

为什么头发会湿？

因为他们洗头了。

他们为什么要洗头？

为了使它看起来干净。

还有呢？

为了使它看起来漂亮。

为什么他们希望头发看起来干净、漂亮？

为了感觉良好，为了显得有吸引力。

所以我们的吹风机帮助顾客感觉良好，显得有吸引力。这提示了更多的开放式问题，例如，我们如何向人们展示我们的产品会让他们感觉良好，显得有吸引力？

这条消息是针对谁的？

附录 A 中有一些鼓励提问技巧的很好的练习，包括：

练习 A——头脑风暴。

练习 N——水平思考问题。

练习 P——如果……会怎么样？

练习 R——远程建筑师。

不检查假设、不擅长提问的人往往会显示出以下这些行为和特征：

- 他们得出结论。
- 他们不耐烦地提供解决方案。
- 不注意别人的想法。
- 他们不是好的听众。
- 他们渴望迅速把事情整理清楚。
- 他们认为有行动就是有进展。
- 他们思考不清晰。
- 他们从不承认他们不知道答案。
- 他们不征求他人的意见。
- 他们很少要求帮助或承认错误。

如果你表现出其中一些特征，请尝试以下五点计划：

1．在进行决策时稍微放慢一点儿。这并不意味着避免做出决定，而是要多加小心。

2．提出许多基本问题。

3．在选择解决方案之前，要求提供更多的意见和咨询。

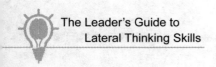

4．当你想出一个好主意时，试着找到两三个更好的主意。

5．如果你不知道答案，承认这点并请求别人帮忙。这是有力量而不是软弱的标志。

▲ 错误的号码 ◢

一家大银行的营销部门准备直接邮寄新产品。他们印制了 200 多万本小册子，却发现手册中有一个号码印错了，这个号码是个空号，如果有人打这个号码，电话不会打到呼叫中心。他们应该先做些什么——解雇营销经理还是重印小册子？

08 采取不同的视角

"在相同的方向上更仔细地看，也看不到新的方向。"

——爱德华·德博诺（Edward de Bono）

　　你是否曾经走近一片树林，觉得所有的树看起来是随意排列的，然而当你往一边走几步时，你看到所有的树木是整齐排列的？有时我们站在错误的地方看到明显的答案。在有机会形成基本的解决方案之前，我们必须刻意采取不同的视角来看待问题。1968 年，墨西哥城奥运会的观众惊讶地看到一名年轻男子跳高时是背对着横杆跳过去的。所有其他竞争对手都使用历史悠久的翻滚式，面对着横杆跳过去。对于年轻的美国人迪克·福斯伯里来说，时机已经成熟了，他提出了一个基本的问题："跳高还有更好的方法吗？"他进行试验，发现有。他赢得了金牌并改变了这项运动。他质疑普遍的假设，并从新的侧面来解决这个问题。这真的是想象的飞跃。

　　亨利·福特对装配汽车采取了不同的视角。传统上，汽车在一个地方组装，不同的工人来装配引擎、变速箱、仪表板、刹车等。他问："如果不让工人移到汽车那里，而是让汽车移到工人那里，会怎么样？他的革新想法是汽车装配线。这使汽车的标准化批量生产成本大大降低。

　　发现维生素 C 的阿尔伯特·森特－哲尔吉（Albert Szent-Gyorgy）这样说道："天才看到的，其他人也都能看到，但天才能想到还没有人想到的。"如果你可以从不同的视角调查情况，那么你很有可能获得新的见解。这就是迈克尔·卡伦所做的。他发明超市的时候就是用不同的视角，想象让顾客为自己服务。

　　心算这些数字的和：398、395、396、399。如果你用常规的方法把它们加起来，那么心算起来就很费力。但是如果你注意到它们可以改写成 400−2、400−5、400−4 和 400−1，那么很容易得出总和是 1600−12 ＝ 1588。如果我们对问题稍微有不同的看法或者用不同的方式重新表达它，就会更容易解决。我们如何强迫自己用不同的视角来看待事情？我们习惯从一个角度看，很难强迫自己。不要从你的视角去看，试试用下面这些视角中的每一个：

- 顾客的视角；

- 产品的视角（想象你是产品）；

- 供应商的视角；

- 孩子的视角；

- 诗人的视角；

- 喜剧演员的视角；

- 独裁者的视角；

- 无政府主义者的视角；

- 建筑师的视角；

- 萨尔瓦多·达利的视角；

- 达·芬奇的视角；

- 查尔斯·达尔文的视角。

还有其他方法可以强迫自己采取不同的视角，我们将在后面的章节中介绍其中的一些。

赛勒斯·麦考密克（Cyrus McCormick）是机械收割机的发明者。这是每个农民都需要的一种高效率的节省劳力的手段。遗憾的是，19世纪中叶的美国农民没有太多的钱，买不起新机器。所以赛勒斯采取了一种创新的方法，发明了分期付款，这样农民就可以用未来的收入来支付货款，而不是用微薄的储蓄来支付。

你可以上下查看山谷、从河边扫描或者站在每边的山坡上看。你可以在山谷里走、沿着道路开车或乘船沿着河流走。你可以研究卫星照片。你可以仔细看地图。每种方法都给你一个关于山谷的不同视角，都能增加你对山谷的了解。为什么我们在业务问题上不这样做？为什么我们在采取多个不同的视角来处理问题之前就立即设法解决问题？

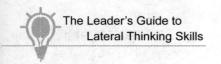
爱德华·德博诺是水平思考的伟大导师。他描述了自己与福特汽车公司研究如何在欧洲更有效地竞争的咨询过程（德博诺，1992）。德博诺的想法非常有创意。福特从汽车制造商的视角来看待竞争的问题，并提出了这样一个问题："我们怎样才能让汽车对消费者更具吸引力？"德博诺从另一个视角来看待这个问题，他问："怎样才能使福特客户的整个驾驶体验更好？"他提出的答案是确保客户总能在拥挤的城市停车。他的建议是，福特应该买下所有主要城市中心的停车场，并且只让福特汽车使用。对福特来说，这个想法太激进了，福特把自己看作一个汽车制造商，对停车场业务毫无兴趣。

20 世纪 50 年代，货运业务不断下滑。货船的建造和运营成本很高。货船长时间停留在港口，等待卸货和装货。空运迅速抢占市场份额。这个行业多年来一直试图降低成本，但这不是答案。需要一个不同的方法，减少货船的等待时间。如果货物装入集装箱，大部分工作可以在货船到达港口之前完成。货船实现了更快的周转，因此其成本效益显著增加。新的有效的集装箱港口涌现出来，没有传统做法的困扰。

欧洲洗衣粉市场由联合利华和宝洁主导，前者的主要产品是 Persil，后者的主要产品是 Ariel。多年来，这两大洗衣粉品牌之间的激烈竞争是以广告和零售渠道为基础的。1998 年，联合利华采取了不同的方法，创新推出 Persil 片剂。这种浓缩形式的清洁剂为客户提供了更大的便利，因为它们是预先测量的，不需要从大包装中倒出粉末。据报道，通过率先推出这一创新技术，Persil 获得了额外的 10%的市场份额。消费者喜欢片剂的新颖性和便利性，现在它占市场的 30%以上。（Euromonitor，2002）

德博诺对福特的建议、货运的集装箱化，以及引入片剂来代替洗衣粉，都代表了与传统业务的不同观点。这些正是因为采取了不同的视角才取得了重大的创新。强迫自己重构问题，打破其组件并以不同的方式来组装，有时候一个更好的解决方案就会变得明显。

视觉上的联系

重构问题的一个好方法是画出关键术语和产生尽可能多的视觉上的联系。这有助于组织和重构你的想法。它有时被称为视觉头脑风暴。托尼·布赞（Tony Buzan）将这种想法发展成思维导图的概念（布赞，1993）。它适用于个人，也适用于小组。

简单的思维导图是这样的。在一张大纸的中心写下关键的目标，并在其周围画一个椭圆形。然后把这个问题的关键属性写在椭圆形的分支上。每个分支都会触发其他分支和子分支，直到形成一个可视化的图形，显示和连接你的所有主要想法。然后，你可以使用荧光笔来强调关键点，并连接来自不同分支的相关点。通过这种方式，你可以看到新的连接、组合和想法。

例如，你正在努力考虑的一个问题是如何选择一个新的销售办事处的位置。你可以把问题写在中心，然后写一些关键参数，如图 8.1 所示。现在我们在每个参数上展开我们认为需要的次要点（见图 8.2）。通常你会发现自己应该选择一大张纸！

现在我们可以画出连接并添加更多分支。因此，我们可能在搬迁与成本之间，或者在目标客户与增长之间画上彩色的连接线。随着更多连接的添加，地图变得更乱，但触发的想法变得更有价值。地图帮助你看到不同因素之间的关系，并从多个角度来看待问题。

而且，一旦将参数和想法放在纸上，就可以对它们进行延伸、扩大、扭转、质疑、组合和整合。你可以专注于最有前途的地方，然后围绕它们进行头脑风暴。整个过程有助于对问题进行分类、组织和定义。因此，

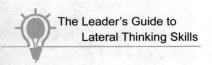
本书后面的一些创作练习是一个很好的起点。

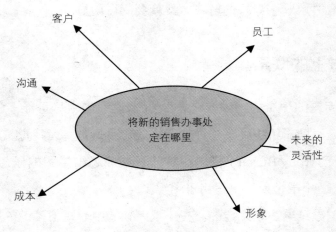

图 8.1   思维导图

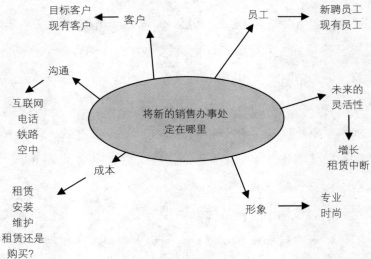

图 8.2   在思维导图上展开

关于采取不同视角的提示

- 强迫自己从新的视角看待问题。

- 让自己站在客户、产品本身或火星人的视角上！
- 重构问题——用不同的词语来描述。
- 用图形或视觉上的联系直观地表示问题。
- 与不同行业的朋友讨论你的情况。
- 从一个随机的对象或单词开始，强制与问题相关联。

在附录 A 中使用以下练习来帮助你和你的团队采取不同的观点：

练习 C——重述问题。

练习 D——明喻。

练习 H——想法卡片。

练习 I——找物品。

练习 V——今晚有什么电视节目？

练习 Y——个性。

做相反的事情

创新意味着采取不同的视角，还有什么比完全相反更不同的呢？如果你目前的计划和策略不起作用，那就试试做完全相反的事情。

微软、甲骨文和 IBM 等所有主要软件公司的政策是保护它们的知识产权。只有少数忠诚的员工被允许访问主要软件程序的完整源代码，并采取措施确保有价值的编程机密永远不会离开公司的网站。芬兰程序员林纳斯·托瓦兹（Linus Torvalds）决定做相反的事情。他创建了一个操作系统 Linux，让任何人都可以查看和修改源代码。这意味着任何人都可以有效地拥有和更改软件。即使不是不可能控制，但控制起来很难，但这并不令他担心，因为这也引发了一股自由的创造力和创新浪潮。他通过做与所有大玩家相反的事情，创造了开源运动。

电影《艺术家》获得了 2012 年奥斯卡最佳影片奖。导演故意与传

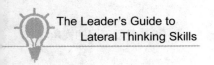
统电影制作反着来，把电影《艺术家》拍摄成黑白的，而且没有对白。

吉恩–克劳德·基利（Jean-Claude Killy）是法国的一名滑雪者，他想在冬奥会上赢得金牌。但他不能用传统的方法去做，所以他做了相反的事情。每个人接受的训练都是要保持他们的滑雪板在一起、重心向前、沿着山坡向下。他创造了一种新的称为"下坡转弯加速"的风格，包括保持滑雪板分开、坐在滑雪板上。他在 1968 年奥运会上获得三枚金牌。

当安妮塔·罗迪克（Anita Roddick）创办 Body Shop 零售连锁店时，她做的就是与主要竞争对手相反。竞争对手都把香水和香波放在昂贵的瓶子和包装里。她用廉价的塑料瓶和简单的包装来强调内容是重要的——而且它们是纯粹的、简单的。

我们都受来自诈骗者的电子邮件所骚扰，他们告诉我们，我们赢得了彩票或中了大奖。传统的建议是忽略这些电子邮件。但是，如果我们反着做呢？如果我们都回复并且要求更多的细节呢？发送了数百万封电子邮件的诈骗者将不堪重负，无法应付。

看看你现在的策略和战略。如果你完全反着做，会发生什么？

▶ 两个城市 ◀

哪个城市总是包含真相，哪个城市总是包含虚假？

09　将不寻常的事物结合

"我的天才想法的简单秘诀就是，我从别人的想法和发明中创造出新的东西。"

——亨利·福特

绝大多数的新想法并不是原创的，而是来源于其他的东西。大多数伟大的想法是其他想法的组合。什么是人类最伟大的发明？约翰内斯·古腾堡（Johannes Gutenberg）的印刷机是这个头衔的有力竞争者。在古腾堡之前，所有的书籍都是用手抄写或用固定的木版印刷的。古腾堡大约在 1450 年于德国斯特拉斯堡，结合了两个现有的想法，发明了一种可移动的印刷方法。他将投币机的灵活性与葡萄酒压榨机的力量相结合。他的发明使得快速复制和分发书籍和小册子成为西方世界知识和思想传播的动力。

格里高尔·孟德尔（Gregor Mendel）是一名奥地利僧侣，他将数学和生物学相结合，创造了遗传学。他在 19 世纪 50 年代在一个小修道院的花园里工作，他研究了不同的豌豆品种，看看哪些特征被遗传了。他认为遗传特征是基于我们现在称为基因的一对单位，而这些基因遵循简单的统计规律。他的伟大成就一直未被人注意，直到 20 世纪初，即他死后 20 年才被发现。

3M 公司发明的胶水有一个问题，它并没有把东西有效地粘在一起。然后，一位化学家阿瑟·弗莱（Arthur Frye）想到了将胶水与书签结合起来，便利贴诞生了。

当你把两个想法结合起来要形成第三个时，两个加两个可以等于五个。氢气和氧气是气体，但当它们结合时会形成水。在古代世界中，最伟大的发现之一是通过结合两种软金属——铁和锡，你可以创造一种强大的合金——青铜。以类似的方式，结合两个小的发明——投币机和葡萄酒压榨机，诞生了强大的印刷机。

尝试将你的主要产品或服务与随机的名词列表结合起来，看看你能得到什么。例如，假设你是一个设计建筑的建筑师，你可以从字典中随机选择一个单词：电缆、乞丐、软骨、盾牌、立法机构。强制组合可能引发以下几种想法。

> 有线电视：每间客房都配有网络电缆的房子。
>
> 乞丐：像古老的贫民窟一样设计的房屋。
>
> 软骨：像关节软骨一样的柔性铰链，以取代传统的铰链。
>
> 盾牌：一种外部墙壁覆盖物，可以针对天气提供额外的保护。
>
> 立法机关：以经典法院造型为基础的房屋前台。

这种方法保证让你能以新的方式思考，并产生原创的想法。进一步把你的产品与随机的动物、国家、车辆和电视人物等结合起来。组合越奇怪，触发的想法就越有原创性。

奇怪的组合有时是最强大的

考虑以下自相矛盾的发明清单：

- 太阳能手电筒；
- 水下吹风机；
- 充气的飞镖靶；
- 混凝土救生筏；
- 防水茶袋。

这些都是完全可能的。例如，太阳能手电筒可以在阳光下充电，然后拿到矿井下面去用。潜水艇的吹风机是水下吹风机。Velcro 飞镖就有充气的靶。如果具有足够大的气腔，混凝土救生筏肯定是可能的。如果一个茶袋在正常温度下是防水的，在接近沸腾的温度下才吸收水分，那么在使用之前，它保存在厨房里就能保持清新。这里要说的是，看起来荒谬和矛盾的组合可能产生不寻常的、可行的解决方案。

特雷弗·贝利斯（Trevor Baylis）是英国发明家，他提出了发条收

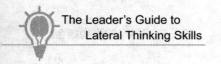

音机的想法。起初这个组合看起来很奇怪。收音机需要电，发条是一种机械方法。当然，电池或市电是更好的给收音机供电的方式。但在许多发展中国家，电池价格昂贵，市电不稳定。通过在收音机里为一个小发电机建造一个发条驱动器，贝利斯能够给人们提供一个可靠的收音机，可以用手给它上发条。它改变了地球上许多最贫困地区的信息可用性。

想法的结合可能像把闹铃和钟表放在一起组合成闹钟的普通想法，就像发明家列维·哈钦斯（Levi Hutchins）所做的那样；也可以像格里高尔·孟德尔的作品一样复杂。事实上，几乎每个新的想法都是其他想法的综合，所以强制组合的可能性是有意义的。

当我们考虑奇怪的组合时，这个概念不仅适用于产品和服务，也适用于组织。爱尔兰摇滚乐队 U2 和歌剧男高音帕瓦罗蒂一起表演。他们让两个完全不同的音乐流派结合在一起。每个人都给对方的音乐带来了新的观众，他们的联合音乐会和 CD 非常成功。当梅赛德斯·奔驰想要开发一种全新的城市汽车概念时，他们选择合作的不是其他工程公司，而是时尚手表制造商斯沃琪（Swatch）。他们一起提出了 Smart 车型——Mini 以来最具创新性的小型车。

合作的想法对大小企业都适用。一家山茶花供应商与一家温室制造商合作。山茶花供应商注意到陈列室里的温室是空的。通过在温室里展示山茶花，山茶花供应商发现了一种展示其产品和提高这些玻璃结构的外观和感觉的好方法。

关于强制组合的提示

- 强制将你的主要产品或服务与随机的产品、服务或物品列表上每一项关联起来。

- 在你的组织与你碰到的其他组织之间寻找组合。我们如何与 XYZ

公司合作，为客户提供革新的新产品？

- 你可以将什么东西放在你的产品或业务上？从那里开始。

- 研究你的客户如何使用你的产品或服务。他们使用什么？你能否创造出让他们的生活更轻松的组合？

用附录 A 中的下列练习，练习生成组合：

练习 B——随机词。

练习 H——想法卡片。

练习 I——找物品。

练习 K——掷骰子。

▲ **股票经纪人** ▲

一个年轻的股票经纪人开始了自己的实践。他没有客户。他如何说服客户他能准确预测股价走势？

10 采纳、修改、改进

"船泊港湾固然安全，但这不是造船的初衷。"

——艾尔伯特·尼姆（Albert Nimeth）

与将不同想法结合起来的概念类似的，还有将一个环境中起作用的想法用于另一个环境中。这是最成功的创新技术之一。我们来看一些例子。1916 年，一位年轻的美国科学家和发明家克拉伦斯·伯塞瑟（Clarence Birdseye）作为皮草商来到加拿大。他注意到，拉布拉多的居民冬天把食物冻在雪地里很长一段时间。当他回到美国时，他提出了这个想法，推出了一系列速冻食品，并说服零售商把它们放在冰柜里。他创造了冷冻食品工业。随后伯塞瑟把他的生意卖给了通用食品公司并发了财。他看到了一个好主意，将其修改为适用于自己的商业环境并实施。

亚历山大·格雷厄姆·贝尔（Alexander Graham Bell）研究了人耳的工作原理。他修改耳膜振动的想法用于金属振膜，从而发明了电话。

圆桌会议的座右铭是"采纳、修改、改进"，这是实施业务新思路的一个很好的指导方针。从其他环境中获取想法并根据自己的情况对这些创意进行修改，是实施新解决方案的最佳途径之一。哈佛商学院的阿弥·拜得（Amar Bhide）研究了新业务的起源和演变。他发现，在成功的初创企业中，超过 70% 是基于创始人从以前的工作中采用的想法。他们在一个自己理解并且变得更好的领域里采用了有前途的想法（拜得，1999）。

例如，鲍勃·梅特卡夫（Bob Metcalfe）曾在著名的施乐研究中心工作，这个研究中心一直是许多伟大发明的源泉。20 世纪 70 年代，他研究了一种称为以太网的网络概念，可以将计算机连接起来。他确信这是一个很好的商业机会，但施乐帕克研究中心的董事不同意，所以他离开并创立了自己的公司 3Com，在局域网（LAN）市场取得巨大成功。

丹·布里克林（Dan Bricklin）也有类似的经验，他在数字设备公司工作的时候提出工作表的想法。当他无法说服上级支持这个想法时，他辞掉了工作并成立了自己的公司 VisiCorp。他开发了世界上第一个电子

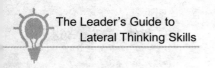

表格 Visicalc。这个电子表格非常畅销，他最终把公司卖给了 Lotus。

发明滚动除臭剂的人本来是在寻找一种应用液体的新方法。他从另一个领域——书写——复制了一个想法，同样的问题在书写上已经得到解决。他对圆珠笔的概念进行修改，创造了滚动的除臭剂。

创新的一个好方法是复制别人的想法，进行修改，然后在你的业务中实施。找出你所在行业中的其他人在不同的地区、国家做了什么。对他们最好的想法进行修改。借鉴其他行业的想法——如果这个想法对他们有效，它可能对你也有效。另一个领域的常规想法在你的领域可能是革命性的。就像滚动的除臭剂一样。

塞缪尔·莫尔斯（Samuel Morse）是莫尔斯电码的发明者。他遇到了电报长途传送信号的问题：信号会变弱。有一天，当他乘坐马车旅行时，他注意到教练们在接力站换马。他对这个想法进行了修改，给长途电报加了放大信号的中继站。

1941 年，乔治·德梅斯特拉尔（George de Mestral）在瑞士的侏罗山（Jura mountains）遛狗。他回来的时候发现有许多植物毛刺粘在他的衣服上和狗的毛上。这些毛刺很难去掉。他在显微镜下面观察这些毛刺，看到它们长着微小的钩子，这些钩子钩在他的衣服和狗的毛上。他因此发明了一种模仿大自然的人造材料，魔术贴诞生了。

如果你遇到问题，请尝试强行将其与随机的事件、动物或机构产生联系。然后对来自那个环境的一些想法进行修改。假设你的问题是如何激励意志消沉的团队成员，你随意选择了奥运、老虎和芭蕾舞蹈学校。这能触发什么样的想法？你可以提供奖牌给绩效最好的员工作为奖励。你可以记录谁是最快的合格领先者或最快的组装时间，并以奥林匹克记录的形式张贴在墙上或外联网上。老虎可能让你想到把脸部彩绘作为鼓舞士气的方法；你可以在办公室寻宝或组织一场"销售狩猎"比赛，等等。芭蕾舞学校的学生每天先做练习，然后才跳舞。这可能意味着每天早上在开始工作之前进行高能量的练习。芭蕾舞者在镜子前练习，如果我们安装能给我们反馈以提高团队动力的系统呢？

另外，尝试调整组织的主要优势与其他组织或人员的优势的组合。假设你提供高水平的培训课程，你随机选择了一家医院。你可能想出一个意外事故与急诊的咨询，人们带着问题来，你在现场帮助诊断。或者你可能想，许多人忘记了他们在培训课程上学到的东西。在医院里，患者正在进行物理治疗以帮助康复。可以对这个想法进行修改，让你在完成课程后发送"理疗培训师"来巩固参与者的学习。另外，如果你想到童子军，那么你可以想象为你的一些顶级客户举办夏令营，或者为你的新客户提供简短的入门课程。当前工作中面临的问题，很有可能是其他人遇到过的和解决过的。也许他们和你处于相同行业中，也许他们遇到了类似的问题，但在完全不同的行业中。当你能修改别人的想法并使之对你可行时，为什么要自己冥思苦想呢？

关于寻找可以采用和修改的想法的提示

- 有意收集来自不相关环境的输入。

- 抽出时间与来自完全不同背景的人讨论你的问题。如果你是一个商人，那么就问问老师、牧师或音乐家。

- 阅读不同的杂志，看看不同的环境，看一部外国电影，开车回家时走一条新的路，从不同的来源寻找新的灵感。

- 将自己置于不同的环境中，这将帮助你看到可以修改、利用的概念和想法。如果你像克拉伦斯·伯塞瑟一样去看冰屋里的因纽特人，你可能也会带着和创建冷冻食品行业一样好的想法回来。

- 确定其他领域的类似情况，并询问他们是如何处理的。

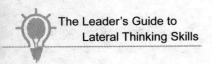
附录 A 中的练习可以帮助你找到可以适应的思路：

练习 D——明喻。

练习 H——想法卡片。

练习 V——今晚有什么电视节目？

练习 W——Scamper。

练习 X——变形金刚。

练习 Z——想法卡片。

▶ **不寻常的想法** ◀

你可以使用什么来吹干你的头发、割草和把车抬起来？

11 打破规则

"人们可以在没有空气的情况下存活几分钟，在没有水的情况下存活几天，在没有食物的情况下存活几个星期——可以在没有新想法的情况下连续存活好几年。"

——肯特·鲁斯（Kent Ruth）

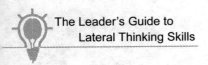

苹果公司在 20 世纪 90 年代初推出了掌上电脑 Newton。这是一个根本性的创新，它使用了新兴的技术—— 手写识别。你在屏幕上写，软件要识别你的手写字体。遗憾的是，它不能很好地工作。通过软件来了解不同人的笔迹被证明是非常困难的。还有其他几家公司都尝试过，但失败了。然后 Palm 改变了规则。它创新了一种被称为涂鸦的特殊文本输入技术。不是掌上电脑要学习识别你的手写字体，而是你必须学习涂鸦风格的手写，然后一切都变容易了。人们在适应和学习方面比电脑做得更好。

如果你能找到一种方法来改变游戏规则，使其适合你而不是你的竞争对手，那么这种改变可以让你拥有独特的优势。亨氏的番茄酱太浓了，顾客不得不用力地晃瓶子，番茄酱才非常缓慢地从瓶子里流出来。竞争对手的番茄酱更容易倒出来。处于亨氏这个位置的大多数公司都试图让自己的番茄酱不那么稠。但亨氏发现了一个不同的方法。公司把这个问题摆在首位，并把劣势转变为优势。它改变了广告，强调酱流得慢并暗示流得快的酱肯定质量比较差。随后它提供了可挤压塑料瓶的番茄酱，所以你可以选择挤塑料瓶或晃玻璃瓶。

如果要发明一项新的运动，你怎么做？你可以从一张白纸开始，在纸上写下各种疯狂的想法。另一种也许更有成效的方法是从现有的运动开始，看看如果你逐一打破规则会发生什么。足球比赛的规则之一是不能用手。正是破坏这条规则的决定，导致了英式橄榄球的出现。英式橄榄球比赛的规则之一是球不能向前传。正是故意破坏这个规则导致了美式橄榄球的出现。试试网球比赛。如果有三个人一起打呢？如果球能够反弹回来，而不是被击出呢？如果没有网呢？如果没有球拍呢？如果球不能弹跳（像羽毛球）呢？你很快就会发现，每条规则都会导致一种新型的运动，其中一些类似于壁球、高尔夫球、长曲棍球、羽毛球等。就像体育运动一样，在商业中，通过违反现有商业模式的规则，而不是从头开始设计，这样构想一个新的企业会更容易。亚马逊的杰夫·贝佐斯（Jeff Bezos）通过使用互联网而不是传统的分销渠道打破了图书销售的规则。维珍集团的理查德·布兰森破坏了各行业的既定规则。Body Shop零售连锁店的创始人安尼塔·罗迪克（Anita Roddick）成功地采取了与业界专家相反的策略。规则是用来打破的。在体育运动中，裁判可能惩罚你，但在商场上，市场是裁判，它将奖励通过创新创造价值的规则破坏者。

20世纪80年代初，如果你想在英国购买汽车保险，那么你要去大街上找保险经纪人，他们把你的所有细节都记录在各种表格里，然后送到保险公司去取得报价。保险经纪人坚持认为，他们需要用自己的技能和经验，最终为你提供了一张好的保单。然后彼得·伍德（Peter Wood）来了，他采取了不同的视角。他完全绕过了保险经纪人。他的直线保险公司，用具有最新信息的计算机数据库和大量接线员，可以立即通过电话给出有竞争力的报价。它重写了这个行业的规则，直线保险公司成长为英国最大的汽车保险公司。

彼得·伍德所做的就是采用电话和数据库技术（当时都已不再是新鲜事物），并以创新的方式应用这些技术，以找到一种新的、更好的接触客户和为客户服务的方法。在传统业务中应用新的（或接近新的）技术，是在市场上进行创新并绕过竞争对手的马奇诺防线的经典方式。当亚马逊利用互联网绕过传统的图书零售渠道时，也做了类似的事情，先是图书，然后是CD和其他商品，直接卖给各地的客户。

迈克尔·戴尔（Michael Dell）在1984年创立了自己的公司，当时他18岁。他的目标是与掌控个人电脑业务的IBM和康柏较量。这两家公司有完善的经销渠道，经销售存货，然后卖给客户。由于计算机仍然被认为是复杂的，所以不成文的规则是个人计算机通过经销商将标准型号提供给客户，同时经销商提供客户所需要的帮助和支持。戴尔有意打破这些规则。他绕过了经销商并直接销售给最终客户。他允许客户指定自己的确切配置，包括磁盘大小和内存。产品质量有保证，所以不需要现场服务的工程师。此外，戴尔公司通过定购，能够减少库存量，所以当竞争对手的库存是 75~100 天时，戴尔公司则只需要 4 天的时间。在快速变化的个人计算机业务中，这意味着成本降低，客户从最新技术中受益。

另一个违反规则的例子就是美国报业中的《今日美国》。主要的报业分析师约翰·莫顿（John Morton）在 1982 年该报发行之前就驳斥了它的成功前景："第二次世界大战后创建的大发行量报刊不仅是短暂的——它根本就不存在。"主要的报纸都是在不同的地区创建起来的，但《今日美国》从一开始就是国家的。这个新兴的出版物依靠颜色和图表以及发表关于大众文化、体育和娱乐的短篇文章来打破常规，异军突起。它发现了新的客户——想在早餐时了解国家新闻和地方新闻的商务旅客。通过瞄准酒店和机场，它找到了一个完成目标的新途径。当《今日美国》从《华尔街日报》和《纽约时报》等现有报业巨头手中夺走比较大的市场份额和广告收入时，后者不得不增加色彩，变得不那么沉闷，并模仿年轻的觊觎者（斯坦，2002）。

IBM 的唐·埃斯特利奇（Don Estridge）在 1980 年和他的团队设计 IBM 个人计算机时打破了规则。在此之前，IBM 和其他公司的所有计算机都用封闭的专有架构。设计涉及机密和版权。埃斯特利奇使 IBM 个人计算机成为一个开放的系统，任何人都可以访问该规范。该机器是由购买的标准可用部件制成的，不像其他 IBM 计算机的所有组件都是由 IBM 制造的 。当 IBM 个人计算机在 1981 年推出时，它必须与市场领先的苹果、DEC、王安、康懋达（Commodore）等竞争对手进行竞争。它没有提供更好的性能，但由于它通过提供公开的规范而打破了规则，大获成功。人们可以很容易地设计和添加自己的扩展、卡片和配件。它成为整个行业的标准平台。史蒂夫·乔布斯对此印象非常深刻，他向埃斯特利奇提供了 100 万美元的薪水和 200 万美元的签约奖金，让他当苹果公司的总裁，但埃斯特利奇拒绝了。他在 1985 年的一次飞机失事中不幸身亡，但他将永远被人们称为个人计算机之父。

具有讽刺意义的是，IBM 个人计算机成功的秘密——它的开放性——成为 IBM 失去业务领导力的原因。康柏、戴尔等公司克隆了更好的 IBM 个人计算机，抢占了市场份额。被 IBM 选中为其提供一个微小的组件——操作系统——的微软，在这个基础上创建了一个巨大的帝国。就像苹果一样，微软保持其操作系统的封闭性和专有性。如前所述，它最终受到了 Linux 兴起的威胁，Linux 是一个由 21 岁的芬兰学生林纳斯·托瓦兹构思的"开源"操作系统，他使 Linux 程序可以免费提供给任何人。这意味着该系统可以由世界各地的数百名程序员开发和塑造。

Linux 模式成为一个人在完全不同的行业中打破规则的范例。1989年，罗布·麦克尤恩（Rob McEwen）成为加拿大安大略省一座老式的、表现欠佳的金矿的大股东，该金矿名为红湖（Red Lake）。他确信他的金矿里有质量上乘的黄金矿石，但他无法发现。然后在一个计算机技术论坛上，他听说了 Linux，以及这个操作系统的编程代码可以提供给任何人，以便人们可以提出改进的建议。他认为自己可以把这个想法应用到采矿业，所以他在网站上发布了关于红湖矿山的所有地质和统计数据。2000 年 3 月，他发起了 Goldcorp 挑战赛，向预测到最好的黄金钻探地点的人提供总计 50 万美元的奖金。采矿业的其他人表示惊讶和怀疑。他破坏了最古老的采矿规则之一——勘探和储量数据是神圣的，不会泄

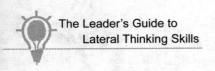
露给任何人，因为担心被恶意侵占。但是麦克尤恩是一个外行人，他带来了全新的方法。

他的挑战赛被广为宣传。全球超过 1 400 名科学家和地质学家下载了这些数据并进行了虚拟探索。获奖者是来自澳大利亚的两个小组 Fractal Graphics 和 Taylor Wall Associates，他们从来没有到过这个矿山，但开发出了强大的三维矿山图模型。他们的预测非常准确，接下来的四名选手也是如此。2001 年，在挑战赛之后，红湖矿山的黄金产量是它以前的 10 倍，而且成本更低。通过采取不同的视角，修改来自另一个领域的想法，打破行业规则，麦克尤恩取得了显著的突破（蒂施勒，2002）。

看你的业务规则

很多适用于企业的规则都是在早期设定的，然后出于习惯一直保留下来。QWERTY 键盘就是一个很好的例子，所有台式机都用它。最初，打字机键盘上按键的 QWERTY 布局是在 19 世纪 70 年代设计的，当时是为了减慢打字的速度，因为打字快的操作员会造成打字机键卡在一起。设计师将最常用的字母 E、A、I、O 放在离食指比较远的地方，从而降低了打字速度，避免键卡在一起。机械卡壳的时代已经过去了，但对于过时和不合适的键盘布局，我们还在坚持使用。你的组织里有多少规则是"QWERTY 标准"——是为已经不适用于今天的情况而设置的？

英国和法国的军队高级指挥官认为他们理解战争规则。希特勒打破这些规则，通过中立的荷兰和比利时来绕开马奇诺防线。如果你的企业采用过时的规则（无论是明确的还是隐含的），那么聪明的竞争对手就可以打破这些规则，找到一个更好的方式找上你的客户。

这就是理查德·布兰森在创立维珍航空公司，与英国航空公司（British Airways）和美国和泛美航空公司（American PanAm）等跨大西洋航空公司较量时所做的。那时的规则是，头等舱的乘客享受最好的服务，商务舱的乘客得到足够的服务，经济舱的乘客得到很少的廉价服务。布兰森取消了头等舱，而是给商务舱的乘客提供一流的服务。他的创新举动包括向经济舱的乘客提供免费饮料、头枕视频和机场豪华轿车服务等。

安妮塔·罗迪克看到，大多数药店都是用昂贵的包装和漂亮的瓶子出售洗漱用品、香水和药用面霜的。她将商品放在 Body Shop 的便宜塑料瓶中，用简单的标签来包装。特拉维斯·卡兰尼克和优步打破了城市交通的规则。Airbnb 通过在人们的家中提供客房，打破了酒店预订的规则。Snapchat 通过一款"阅后即焚"照片分享应用打破了聊天信息的规则。

亚马逊的创始人杰夫·贝佐斯是一位水平思考者和规则破坏者。亚马逊率先推出了许多创新实践，如基于将以前的购买模式与消费者目前购买模式进行比较的算法，向客户推荐他们可能想要的商品。虽然新书的销售增长非常良好，但在 2002 年，亚马逊推出了一项服务，让人们可以通过公司的网站出售二手书籍。这是令人惊讶的，因为在人们看来，每销售一本二手书就意味着损失销售一本新书的利润。此举颇具争议，杰夫·贝佐斯发出公开信解释了亚马逊的行为。他认为，销售二手书对客户有好处，因此对行业有利。

杰夫·贝佐斯意识到，有对便宜的电子书阅读器的潜在客户需求。但亚马逊在电子产品设计或制造方面没有经验或能力。亚马逊的优势在于优秀的网络服务、软件和物流。公司推出自己的硬件产品，将是迈向未知领域的一大步。这是他们在 2007 年推出的 Kindle 所做的。Kindle取得了巨大的成功。公司不断在多个领域进行实验创新，并在 2013 年宣布了无人机运送计划。然而，并不是所有的创新都能成功。2014 年，

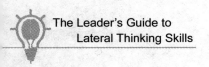

随着 Fire Phone 的发布，亚马逊进入了智能手机市场，但被认为太过哗众取宠而失败。

2004 年，伊隆·马斯克（Elon Musk）创立了特斯拉汽车（Tesla Motors），生产大众市场的电动汽车，并于 2008 年成为首席执行官兼产品设计师。他是一个规则破坏者，促成了公司的多项创新，如使用碳纤维增强聚合物的车身。他采取了前所未有的一步，将公司所有的电动车专利开放给外部使用。他说："我们不会对任何真诚希望使用我们技术的人发起专利诉讼。"与其他汽车制造商不同，特斯拉汽车直接面向公众销售，而不使用经销商。特斯拉汽车与传统的汽车公司有明显的不同，这增加了其吸引力。

贝佐斯、布兰森、马斯克、伍德、戴尔、埃斯特里奇、罗迪克和麦克尤恩都体现了水平领导者的特质，并且是其所在行业的特立独行者。他们破坏规则，挑战传统智慧，带来了巨大的变革。

🖇 关于打破规则的提示

- 认识到你的企业有各种不成文的规则在指导和限制你。

- 坐下来写出用于你的业务的所有规则。

- 让别人补充你漏掉的规则。

- 继续下去，直到你有一个长长的清单，然后分析哪些是必要的，哪些是可以打破的。你有可能以某种创造性的方式破坏大部分规则。

- 列出你可以在你的业务中做得最糟糕、最令人震惊的事情。从那里开始，走向有用的想法。

- 问问自己，理查德·布兰森或迈克尔·戴尔将如何在你的业务中创建新公司。他们将如何做得不同？

附录 A 中的这些练习是很好的练习：

练习 F——打破规则。

练习 O——理想的竞争对手。

练习 P——如果……会怎么样？

▶ 价格标签 ◀

许多商品的价格都低于一个数字，如 9.99 英镑而不是 10 英镑，或者 99.95 英镑而不是 100 英镑。人们通常认为这样做是为了让消费者感觉价格比较低，但这不是这种做法开始的原因。这个定价方法最初的原因是什么？

12　分析先行

"我真希望自己不是一个想得太多的人，而更多的是一个不怕
被拒绝的傻瓜。"

——比利·乔（Billy Joel）

当在工作中遇到问题时，我们的自然方法是想出一个办法，然后果断采取行动。这是对积极管理者的预期回应。这总比什么都不做好，而且往往是好事。如果建筑物着火，那么你应该撤离并打电话给消防队。

但是，有很多时候这不是最合适的方法。我们下意识采取的行动可能不是最好的。更重要的是，由于对问题的认识不足，我们发现自己的目标是错误的。阿尔伯特·爱因斯坦曾经说过，如果他有一小时的时间来拯救世界，他会花 59 分钟分析问题，花 1 分钟提出解决方案。但是，我们经常做相反的事情。如果问题是销售量下降，我们通常会花 1 分钟讨论，然后降低价格。我们解决问题的模式简单而不精细：

- 想到第一个想法；
- 实施。

更好的方法是遵循这个计划：

- 分析问题；
- 优先处理关键问题；
- 一次关注一个关键问题；
- 为这个问题产生许多想法；
- 评估和选择最好的想法；
- 为该主题实施一个或多个想法。

通过分析一组或多组问题，我们可以更好地理解整个问题及其所有原因。然后，我们可以选择我们想要处理的第一、第二和第三个问题原因。分析有助于我们在提出建议的创意业务之前就界定和理解问题。水平领导者知道何时使用分析技能及何时使用创造性技能。有各种技术可以很好地解决问题。其中许多涉及第 8 章介绍过的思维导图。以下三种方法都属于这一大类。它们用图形形式帮助描述情况及其可能原因。另一个强大的问题分析工具是"六个仆人"，可以在附录 A 中找到。这种

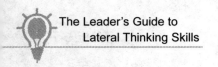
方法迫使你从 12 个具体和不同的视角来处理问题。

鱼骨法

这是日本人提出的一种方法。图形以鱼骨架的形式绘制，如图 12.1 所示。

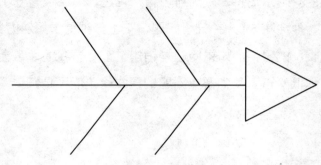

图 12.1 鱼骨图

问题写在鱼头上。问题的主要原因写在主要的鱼骨上。可以添加更多的鱼骨。然后在水平的鱼骨上写下每个主要原因的附加因素。

假设问题是新产品的销售不佳。将这个问题写在鱼头上。一致同意的主要原因是产品在错误的市场上推出、没有销售人员的承诺、价格过高、设计错误。在进一步讨论每个原因的附加因素之后，最终的图可能看起来如图 12.2 所示。

让两三个小组做自己的鱼骨分析，然后比较结果。与所有问题分析技术一样，鱼骨法目的不是解决问题，而是在尝试寻找解决方案之前了解其根本原因。它有助于人们看到问题的总体性质和相关的原因。它可以使你优先考虑哪些领域需要关注，然后给你一个解决问题的原型项目计划。鱼骨法快速且结构化，对问题分析方法几乎没有经验的组织来说，鱼骨法很有用。

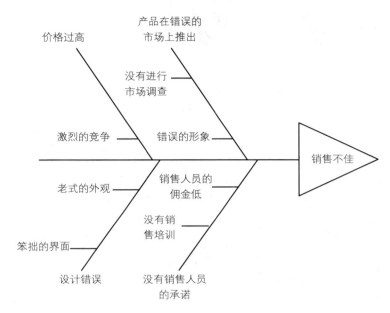

图 12.2 扩展的鱼骨分析图

⮂ "为什么，为什么"法

这种方法类似于鱼骨分析法，但形式上更自由。阐述问题，然后问"为什么"。这应该引出一些最初的主要答案。然后，对于每个这样的答案，再次问"为什么"。重复这个过程，直到显示出所有原因。

假设问题是头脑风暴会议的结果不佳，那么最初的图形可能如图12.3 所示。

这个过程可以扩展为问"为什么对这个过程没有信心"或"为什么有厌恶风险的文化"等。

"为什么，为什么"法类似于鱼骨法，是另一种有用的方法。它可能比鱼骨法更适合比较困难的问题和更有信心的小组。

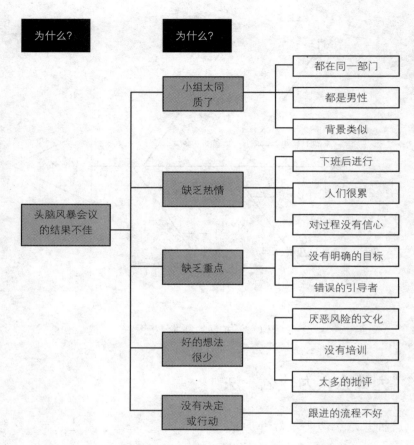

图 12.3　"为什么"图的一个初始的例子

　　这种方法鼓励我们像孩子一样思考。孩子经常问为什么并继续问，直到它变得刺激。对于深究问题，这是一种非常有效的技术，但当我们不想再显得幼稚时，我们就放弃了这一技术。使用这种技术来重新发现孩子提问技巧的力量。

莲花法

　　问题分析映射技术的一种更复杂的版本是莲花法，它也源自日本。

这种方法比鱼骨法或"为什么，为什么"法更彻底，但需要更长时间，并需要相当多的纸张！这种方法就像剥落莲花的花瓣一样，每个花瓣都展现出更多的花瓣（见图 12.4）。

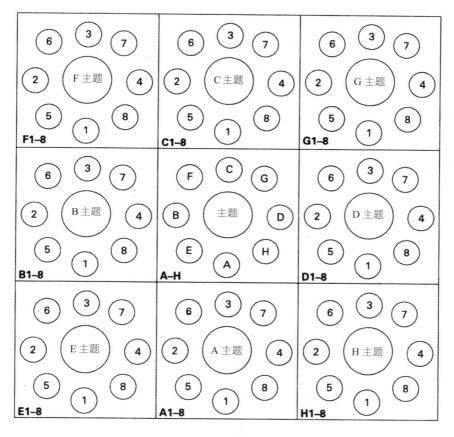

图 12.4　莲花法

将问题或事件写在一大张纸中间的一个圆圈里，讨论并同意这个问题的八个主要原因。

这八个原因中的每一个都成为一个主题，团队必须为它们各找到八个属性、问题或原因。结果是九张纸，每张纸包含八个主题，而这八个主题又产生了八个分主题。所以我们最终得到了 64 个问题—— 其中很

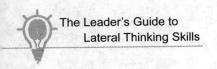

多是相互关联的。要用莲花法,最好从一大面墙开始!

迫使人们为每个主题寻找八个原因或属性,可能显得很严格。然而,许多小组认为,额外的努力是值得的,能够确保这些问题得到充分的探索。这样能发现用其他方法可能被忽视的项。

思索

一旦定义了一个问题,在尝试任何解决方案之前让潜意识发挥一段时间的作用是个好主意。许多伟大的思想家和发明家使用了以下方法。他们分析这个问题,然后停一会儿,去做别的事情。结果是,他们允许自己的潜意识去消化这些问题。后来当他们回到这个问题时,他们发现自己有了一些新的想法。

通过将问题解决的分析阶段和创造阶段分开,你可以更好地了解情况,更有可能找到并关注真正的问题,你的大脑也有时间找出更好的解决方案。

▶ 在沙漠中迷路 ◀

有两个人在大沙漠中迷路了。一个开始向东走,另一个开始向西走。两个小时后,他们又见面了。这是为什么?

---

13 提高产出

"获得一个好想法的最好方法是获得许多想法。"

——莱纳斯·鲍林（Linus Pauling）

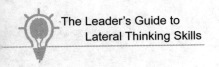
　　我们的教育制度的最大弊病之一是，它教的几乎每个问题都有一个正确的答案。选择题的考试迫使学生尝试选择一个正确的答案，并避免三个错误的答案。所以当我们的学生离开学校的时候，他们会沉浸在一个系统中，这个系统告诉他们找到"正确的答案"，然后解决问题。遗憾的是，现实世界并不是这样的。几乎所有的问题都有多种解决方案。我们不得不忘记在学校学过的方法，而采取一种总是寻求更多更好答案的态度。

　　为了真正具有创造性，你需要产生大量的想法，然后细化这个过程，对其中的几个想法进行试验。为了使你的组织更具创新性，你必须提高产量，然后才能有收获。为什么你需要更多的想法？因为当你开始产生想法时，你会产生明显的、简单的答案。当你提出越来越多的想法时，你会产生更多古怪的、疯狂的、有创造性的想法，这种想法会导致真正的、彻底的解决方案。

　　丰田公司内部建议每年产生超过 200 万个想法。超过 95%的员工提出了想法；每个员工每年提出 30 多个想法。丰田最令人瞩目的统计数字是，超过 90%的想法都实施了。量大还是有用的。（考克斯，2001）

　　托马斯·爱迪生在他的实验中很高产。他说："天才是 1%的灵感和 99%的汗水。"他在发明电灯时，做了超过 9 000 次实验，用了大约 50 000 个蓄电池。到现在他仍然保持拥有专利数最多的纪录——超过 1 090 个专利。他去世后，人们发现了 3 500 个笔记本，写满了他的想法和笔记。正是他那大得惊人的产出，才使他取得如此多的突破。毕加索画了 20 000 多件作品。巴赫每周至少写一次曲子。伟大的天才不仅产出数量，也有质量。有时候只有通过生产同样多的数量，我们才能产出同样伟大的产品。

　　麦当娜是一个创作了许多作品且风格各异的艺术家的例子。她不仅创作了许多歌曲，还多次改变自己。她不自满于一种风格的成功，不断尝试新的形式。她把自己描绘成一个物质女孩、一个金发的雄心勃勃的女权主义者、一个同性恋的偶像、一位女演员、一位政治活动家等。每次冒险都有可能会疏远她的粉丝群，但风险已经得到回报，因为她一直处于一线，而更多的传统艺术家已经渐渐地从公众的视野中消失。

当你用吸管将水从一个地方吸到另一个地方时，水会先往上流，然后再往下流。有时候一个想法必须先达到愚蠢的水平，才能达到可行的水平。有一家包装中国花瓶以用于运输的公司用报纸作为包装材料。他们遇到的问题是，包装工人拿起报纸揉成球时，往往会停下来看看他们发现的有趣文章。公司尝试了各种解决方案，但都不能阻止工作人员被文章分心。公司管理法举行一场头脑风暴会议，一位经理甚至建议把员工的眼睛戳出来阻止他们阅读。这个相当讨厌和不可能的想法引发了另一个人的好主意。为什么不雇用盲人？公司这样实施了并最终发现盲人热衷于做这项工作，成了很好的包装工人。公司找到了更好的解决方案，并因其贡献而获得认可。

当你开始头脑风暴或使用其他创意方法时，最好的想法可能不会出现在前 20 个或前 100 个想法中。想法的质量并不会因为数量的增多而下降——通常后来的想法是更好的，可以从中构建出真正水平的解决方案。

🐘 关于提高产出的提示

- 阅读关于头脑风暴的章节。
- 为想法的数量设定一个较高的目标，然后超过目标。
- 在会议中保持高度的能量水平。
- 鼓励新的想法。

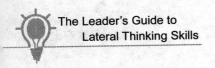
- 不要批评新的想法，不管它们多么愚蠢。只要把它们写下来就可以了。
- 用彩笔来分析和交叉参考。
- 寻找方法来改进，调整和组合创意。
- 当能量下降时停止收集意见。
- 使用六顶思考帽练习来进一步分析最有前途的想法。

迭代创新

《愤怒的小鸟》游戏对芬兰游戏开发商路威娱乐软件公司（Rovio Entertainment）来说是一个巨大的成功。它在各种移动平台上的销售超过 2 000 万份。附带产品包括书籍和索尼电影。"愤怒的小鸟"于 2009 年发布，是成立于 2003 年的路威娱乐软件公司发明的第 52 个游戏。在此之前，公司曾有 51 次尝试。

WD-40 是一种被广泛使用的润滑油和渗透油。它是 1953 年圣地亚哥的化学家诺姆·拉森（Norm Larsen）开发的。术语 WD-40 来源于"排水第 40 号公式"。这是拉森在获得成功之前试过的第 40 个配方。该产品由 Rocket 化学公司生产，销往 160 多个国家和地区。WD-40 的配方是一个商业秘密。

许多伟大的产品是一连串迭代的结果。很少有第一个版本就是直接的赢家的情况。创新是一个持续改进的过程，有时是多次失败的反复试验，最终获得成功。

我们在艺术和商业上看到了类似的过程。乔安娜·罗琳（J.K. Rowling）的小说《哈利·波特与魔法石》被 12 家出版社拒绝之后才出版。玛格丽特·米切尔（Margaret Mitchell）的《飘》被拒绝了 38 次。Skype 的创始人对投资者进行 40 次游说，最后才被接受，思科进行了

76 次，谷歌进行了 350 次左右。拒绝是这个过程的一部分——但只有当它被用来引发学习和改进的时候。因项目被拒绝的发起人必须返工并改进其演说。拉里·佩奇（Larry Page）和谢尔盖·布林（Sergy Brin）也是如此。他们把每一次拒绝当作沿着这条路走下去的一步，并有机会为下一个投资者完善他们的陈述。

每个人都希望自己的第一个大想法成功。然而，更有可能的是失败，不过是具有教育意义的失败。佳卡兹（Jacuzzi）兄弟推出了具有内置喷水装置的浴缸，旨在减轻关节炎患者的痛苦。目标市场喜欢这个产品，但买不起，所以这是商业上的失败。过了一段时间，兄弟俩重新推出了这个产品，但这次是针对富人，旨在改善生活质量而不是减轻痛苦。这一次他们获得了很大的成功。

怎么避免看着自己推出的产品失败的痛苦？一种方法是对想法进行广泛的预测试，让人们在做出选择之前对其进行投票。Threadless 对他们的 T 恤设计就是这么做的。Gustin 更进一步。他们让用户社区的成员承诺购买他们的服装设计然后才制造服装。如果你不能预测试，那么准备好反复迭代，把拒绝作为反馈和改进的来源。过程是痛苦的，但你最终可能成为《愤怒的小鸟》《哈利波特》或谷歌。

▶ **七个铃** ◀

纽约的一家商店名为七个铃，但它外面挂了八个铃。这是为什么？

---

14 引入随机

"不是我们不知道的东西让我们陷入困境，而是我们认为我们确实知道的。"

——马克·吐温（Mark Twain）

高效水平思考的一种技术是引入随机。随机的输入迫使我们从新的视角开始。尝试这种技术的一种很好的方法是用"随机"的词进行头脑风暴，如附录 A 的练习 B。为什么随机词的刺激会发挥作用？它迫使大脑从一个新的出发点出发，从一个新的方向来解决问题。大脑是一个懒惰的器官，它会自动地陷入熟悉的模式，并以它一贯的方式解决问题，除非你轻轻推它一下并让它从一个新的点开始。大脑会强迫离散的事物之间产生联系，所以当你用一种奇怪的刺激来提示你的大脑时，它会通过寻找创造性的联系来回应。

你还可以用随机的图片、物体、歌曲或散步引入头脑风暴的刺激。你可以随身携带一些随机物品的照片，或者让人们带上他们认为不寻常的东西（不要告诉他们为什么）。你也可以要求人们去市中心或艺术画廊或博物馆散步，然后告诉你他们看到的东西。这就成为头脑风暴的起点。

我们倾向于和我们一样的人混在一起；这些人经常强化我们的观点和意见。与一个随机的人谈论一个问题会有所帮助。

汉斯·克里斯蒂安·安徒生（Hans Christian Andersen，1805—1875）是一位多产的丹麦作家，他写的童话故事非常有名。他最著名的一些童话故事包括《皇帝的新装》《拇指姑娘》《冰雪皇后》《丑小鸭》《美人鱼》和《公主和豌豆》。它们在世界各地的儿童和成年人中受到欢迎，并被改编成戏剧、电影、漫画和芭蕾舞。安徒生是制鞋商和洗衣女的独生子。他们生活在贫困之中。他的祖父被认为是疯子，他的祖母在疯人院里担任园丁。这个小男孩经常去那里看望她的祖母，和狱警、病人交谈。那有多随机？如果你和像你的人在一起，你会听到和你一样的意见。安徒生去疯人院，听到了囚犯的狂妄谩骂。他们激发了他的想象力。然后他创造了鼓舞人心的童话故事。如果你想要不同的和激进的想法，寻找不

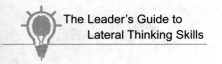
同的甚至随机的人。

🔁 欢迎意外

我们经常把意想不到的、随意的或令人惊讶的事情视为刺激或意外。它使我们无法继续工作，所以我们很快就解决了这个问题。但是，有时候意外是值得我们退一步思考的。想想下面这四个意想不到的事件。

1．1928 年，一名苏格兰细菌学家度假归来，发现他的一个培养皿里长出了一种奇怪的霉菌。

2．20 世纪 40 年代初，一名瑞士工程师在汝拉山与他的狗散步。回到家时，他发现许多细小的种子毛刺已经粘在他的裤子上和狗的毛上。

3．1946 年，雷神公司的一名工程师发现，当他在雷达管附近工作时，口袋里的糖果融化了。

4．20 世纪 70 年代，一位为音乐配件公司工作的技术人员错误地连接了一条电路。该组件发出了一种奇怪的声音。

这些事件都可能被视为令人讨厌的事故。大多数人可能会清洗培养皿、刷刷裤子以除去粘上的毛刺、正确地重新连接电路。对我们来说幸运的是，这些故事中的主角都对这个意外的事件表示欢迎，并进行调查，然后采取行动。

1．亚历山大·弗莱明爵士看到，这种霉菌会抑制盘子里细菌的生长。他发现了青霉素——几乎是偶然的。这样的幸运导致了抗生素的诞生，挽救了数百万人的生命。

2．乔治·德·梅斯特拉尔在显微镜下观察了毛刺，看到毛刺有一个小钩子。他开发出一种固定材料的新方法——魔术贴。

3．珀西·斯宾塞（Percy Spencer）因为这件事情而研制出世界上第一台微波炉。

4. 斯科特·伯纳姆（Scott Burnham）将这种奇怪的声音改为吉他踏板的声音。他发明了 Rat 失真效果器，从涅槃乐队（Nirvana）乐队到电台司令（Radiohead）的成千上万的乐队都用它增强他们的音乐。

佩根·肯尼迪（Pagan Kennedy）2016 年出版了一本关于发明过程的书《发明学》。她说，几乎一半的发明都开始于一个偶然的过程。通常这是人们在做别的事情时所得到的想法或发现的结果。肯尼迪接着说，发明者往往是"因为运气或天生就是能够将多个领域的知识汇集在一起"的博学连接者。她指出，最有可能在 InnoCentive 众包网站上解决问题的人是这个问题领域的外部人士。遇到意想不到的事情时不要生气，要好奇，找出为什么。与那些以常规方式使用你的产品的客户相比，对你的产品有一个奇怪的投诉或用于奇怪用途的客户更有趣。要欢迎意外。

15　评估

> "思考是最困难的工作，这是为什么这么少的人参与其中的一个可能的原因。"

> ——亨利·福特

📎 取得成果

如果不对想法进行分析和筛选以选出那些值得追求的想法，那么产生大量的想法就没有用。如果人们参加了创意研讨会，然后看不到后续跟进，他们就会失去对这个过程的信心，并把创意研讨会视为空谈会。一旦产生了大量想法，你应该缩小它们的范围。你要明确地表达出这个变化，这很重要。你要从用各种创造性思维产生想法的阶段进入用批判和分析思维评估想法的阶段。在第一阶段，你想要尽可能多的想法，但不允许任何判断或批评。在第二阶段，你想要缩小范围，去除许多常规或不可行的想法，选出最好的想法。有关头脑风暴过程的更多指导，请参阅附录 A。你将如何选择将哪些想法发扬光大？在开始这个流程之前，你需要考虑即将使用的评估标准。许多人选择的标准太严格了，例如，"我们正在寻找可以在这个季度的预算内实施而且不需要额外资源的想法"。这些标准可能意味着许多好的想法将被过滤掉或丢掉。Synetics 集团建议的一个非常有效的选择标准是用 NAF 标准，即想法是否新颖（Noval）、有吸引力（Attractive）和可行（Feasible）？如果一个想法符合这三条衡量标准，那么它可能是好的想法。

乐购（Tesco）用以下标准评估内部建议方案中的想法：更好、更简单、更便宜。这个想法对客户来说更好吗？对工作人员来说更简单吗？对乐购来说更便宜吗？

消费品公司使用这些标准来选择新产品的最佳创意——需求、贪婪、成功、速度：

- 需求——是否真的有这样的消费者需求？
- 贪婪——我们能从中获利吗？
- 成功——我们能创造一个真正成功的产品吗？

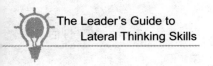
● 速度——我们可以多久才能把这个产品推向市场？

记住这些标准，你可以将长长的清单缩减为一个短的清单。做到这点的一个方法是进行好、不好、有趣的分类。有些想法显然是好的，有些显然是不好的。但是，当你在查看和排除不好的想法时，不断地问："这个想法能修改吗？能变得可行吗？""有趣"的想法—— 有希望的概念，常常面临严峻的挑战。之后应该再来对它进行仔细考虑和修改，最好的想法往往来自这种想法。

另一种方法是给每个人针对清单上的想法进行投票，每个人可以投几票。当你有很多想法时，这可以节省时间，但也意味着有趣的想法可能就被错过了。参见附录 A 的练习 U——"花 10 英镑"，其中对这种方法有更全面的描述。

对有趣的想法应该进一步分析，并转移到第 16 章所述的原型阶段。有趣的想法应该保存在数据库中，并允许孵化。当以后再来看这些想法时，你可能发现你现在看到了一种对它们进行修改或把它们合并成有价值的东西的方法。

我们将继续讨论对想法进行分析、评估和选择的方法。德博诺的"六项思考帽"是一种评估、调整和发展具有启发意义的想法的有效手段(见附录 A 的练习 S)。

小组评估一系列想法的方法

1. 逐项检查。如上所述检查清单并进行分类。根据事先达成一致的标准对这些想法进行分类，如 NAF——新颖、有吸引力和可行。

如有必要，可以进行多次。这确保了所有的想法都得到了审查，但对于一个长的清单来说，这可能是一个漫长的过程。

2. 逐人检查。每个人轮流说他们最喜欢的想法是什么及为什么喜欢。确保每个人的声音都被听到并被记录下来。这是公平的，每个人都有发言权。它比一个完整的项目审查更快，但缺点是后面的发言者可能受到早先发言者的选择的影响。

3. 逐人选择。每个人都在他们最喜欢的想法旁边做记号。这是积极的，也很有趣。它要求采取独立行动，但不允许立即进行讨论，因此最好之后再对最受欢迎的想法进行审查。

4. 无记名投票。将想法进行编号，让人们把他们喜欢的想法的编号写在单独的表格上，然后计票。这在有争议或对抗的情况下很有用，在这种情况下，人们可能害怕公开表达他们的意见。

［改编自卡纳尔（Kaner），1996］

评估：门控过程

根据产品开发与管理协会（Product Development & Management Association，PDMA）最佳实践研究，美国领先的产品开发人员中有68%现在使用某种类型的门控过程来从概念构思到新产品全面推出对创意进行评估（库珀，2002）。图15.1以漏斗的形式显示了基本的原则。

来自所有来源的想法流入漏斗的顶部。然后它们要通过一系列的门。门控过程决定哪些想法能进行到下一轮，哪些不能。在每个门口，通常大约有 2/3 的项目会失败。这有时被形容为杀或放的决定，但没有通过的想法不会被杀死。它们一起回到数据库中，并且写上中止这个想法的理由，以便以后可以复活或与其他想法进行重新组合。门的数量将取决于产品的复杂性和开发成本。对于一家小公司来说，可能有一两个通过或不通过的门。像葛兰素史克这样的制药公司在其新产品开发过程中有大约 35 个门。新药可能需要七年的时间才能投放市场——成本、风险和回报是巨大的。索尼每年推出 1 000 多种新产品。如果连续推出超过 1 000 个产品，那么进入漏斗的想法的数量必须非常巨大。

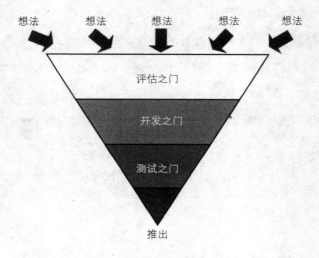

图 15.1　创新漏斗

目前市场上主导的产品是鲍勃·库珀（Bob Cooper）和斯考特·埃迪特（Scott Edgett）的门控管理体系（Stage-Gate）。他们的方法已经开发和部署得很好。有前途的新产品想法经历了一系列的阶段和大门。门控过程如图 15.2 所示。

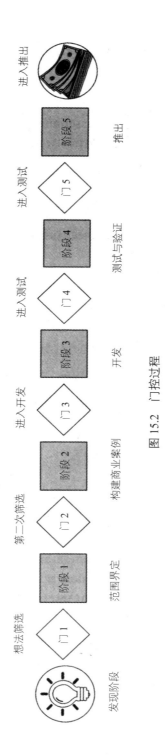

图 15.2 门控过程

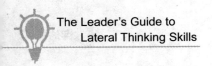
下面是库珀对发现或想法生成阶段后的五个关键阶段的描述：

- 阶段 1：范围界定

对项目的技术优点和市场前景进行快速、低成本的评估。

- 阶段 2：构建商业案例

这是关键的做功课的阶段——制定或打破项目的阶段。商业案例有三个主要组成部分：产品和项目的定义；项目论证；项目计划。

- 阶段 3：开发

商业案例计划被转化为具体的可交付成果。制订生产或运营计划，制订营销发布和运营计划，确定下一阶段的测试计划。

- 阶段 4：测试与验证

这个阶段的目的是提供整个项目最终的、全面的验证：产品本身、生产过程、客户接受程度及项目的经济性。

- 阶段 5：推出

产品的全面商业化——全面生产和商业发布的开始。

每个阶段都涉及团队活动。跨职能团队用关键参数来检查项目并收集信息，以便决定项目是否进入下一个阶段。团队研究提案的运营、技术、营销和财务方面，以评估潜在的风险和回报。在进入下一个阶段之前，提案必须清除门前的障碍。每个阶段都比前一个阶段涉及更多的资金承诺和开发，所以每个门的障碍也都在提高。这里是要砍掉那些不符合门控标准的项目。项目通过越多的大门，对它们的理解也更好，因此风险更小，会有比较多的资金和营销资源投给它们。库珀和埃迪特的书籍和网站对这个过程有更全面的解释（参见参考文献和www.prod-dev.com）。

▶ **面试题** ◀

这个问题在访谈中被用作能力测试。你在一个寒冷的夜晚开着你的跑车。你经过一个公交车站，看到三个人在等公交车。第一个是你在学校里最好的朋友，你已经 20 年没有见过他了。第二个是你梦想中的男人或女人，你一直想见的人。第三个是年纪大、需要送往医院的病人。你的车里只能坐一位乘客，你会怎么做？

16　实施

"我们必须成为我们在这个世界上想要的变化。"

——圣雄甘地

如果你所做的就是想出创造性的想法而从不尝试，那么你不是一个水平领导者——你只是一个古怪的思想家。一旦对一个有趣的想法做了一些分析，你应该尝试一下。避免在实施一个行动之前发生"分析瘫痪"——漫长而详细的研究过程、过多的详细评估。在大多数情况下，一个试点研究或原型有助于你对想法进行细化和改进，并加速你的成功。

水平领导者知道，检查一个想法的最好方法就是尝试一下。他们天生倾向于行动。他们认为，现在就已经准备好 89% 要比准备好 99% 好。软件公司长期以来一直认为，有一个测试版让用户试用以得到反馈，比一直在内部测试好。内部测试不可能全面地测试一个产品或服务，因为我们不可能准确地预计用户将如何使用这个产品。水平领导者在寻求早期测试的时候不会完全不考虑警告和质量。他们知道，只要测试得到很好的控制，并且在市场的有限部分内进行，就可以为了更快上市而牺牲一点质量。他们会评估风险并对其进行管理。

原型

没有什么比原型能更快地将概念变成现实的了。在有原型之前，这个想法只能以抽象的形式存在。发起人难以准确地传达自己的想法，人们很容易就会完全理解错误。一旦有原型，人们就可以看到、触摸并感受到这个想法。人们能够很快地提出很多改善意见。无论原型是用纸板和绳子做的，还是由屏幕组成的、背后没有任何实际内容的软件应用程序，都能代表这个想法的框架，以便改进和扩展。

像爱迪生这样伟大的发明家们制造了数千个原型来实验他们的想法。詹姆斯·戴森（James Dyson）是一位英国人，他发明了一种涉及"双旋风"的新型吸尘器。他努力说服制造商和银行支持他，他制造了 5 000

101

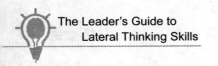

多个样机。最终他得到了支持来实现他的梦想。他在 1993 年成立了他的第一个生产部门，两年内他的吸尘器成为英国的市场领导者。

弗朗西斯·克里克（Francis Crick）和詹姆斯·沃森（James Watson）是剑桥大学的研究人员，他们正在试图理解和定义 DNA 结构的问题。通过建立模型，他们最终想象出现在著名的双螺旋结构，这让他们在 1962 年获得诺贝尔奖。

1. 分析，但不要太长时间。仔细考虑整个想法，为它做好计划然后推出。不要进行大量的问卷调查和市场调研。这些可能误导你，而且市场变化很快。不要陷入"分析瘫痪"的陷阱里，花几个月时间除了调研和工作表之外什么也不做。

2. 让一些关键的客户或选中一个地区对这个想法进行测试。要进行真正的测试，只是规模要小。

3. "试点"通常会比重大的新行动更容易得到许可和预算，所以，让你的想法成为"试点"。

4. 仔细分析客户的反应和反馈。对想法进行修改和改进。

5. 即使最初的反应是好的，也不要在新的想法上孤注一掷。这是马可尼公司完全摆脱国防部门转向电信时所犯的错误。

6. 总是有一个后备计划。如果不成功的话，减少你的损失。吸取教训，继续前进。不要拼命把这个想法推向可行的道路。试试新的东西。

如果我们用创新实施的难易程度及其影响程度来绘制象限，那么我们可以在四个象限中审查各个选项。纵轴表示对组织而言的难易程度，从容易到非常困难。横轴描述了这种变化的潜在重要性，从低影响和低回报到高影响和高回报（可能高风险）。很明显，任何创新的确切影响在一开始基本上都是未知的。必须根据概率的来估计。一般而言，这些非常具有破坏性的创新是高风险和高回报的，但有时候有的创新是高回报、低风险的（见图 16.1）。

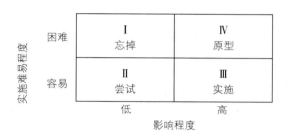

图 16.1　实施的优先级

　　第一象限是对于组织来说是很难实施而且好处不大的创新。最好忘掉这些想法，把重点放在回报较高的方面。第二象限是易于实施但影响低的创新。这些是值得尝试的机会。例如，定价或客户服务水平的微小变化有时可以很容易实施，并且事实也证明是有利可图的。这里的重点应该是快速试验和仔细衡量影响，以便能够快速吸取经验教训。

　　第三象限是易于实施并且能够带来巨大回报的创新。这类是最好的创新。应该努力追求这类创新，但仍然应该谨慎地计划、实施和监督。第四象限是很有前景但组织很难实现的创新。这类创新通常涉及重大的变化，如重大的文化变化。一个典型的例子就是从一个基于产品的公司转为基于服务的公司，并在市场上提供新的和未经测试的服务。这些通常都是组织避免的变化，因为它们是有风险的且可怕的。相反，董事会的重点是改进组织的现有方法或一些容易的变化，并避开这些更大的挑战。但是，第四象限的这些机会需要加以解决，因为它们可以让组织转型。无所事事往往会面临更大的风险，如果没有简单的选项可用，在这

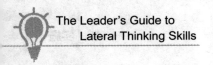
种情况下，第四象限的创新变化需要仔细研究，如果承诺看起来不错，就应该尝试。由于难以实施，可能给组织带来重大变化，最好是成立跨部门的小组来运行试点并汇报结果。试图立即在整个组织中实施它们可能太冒险了，并会引起很多反对。

▶ **单手换灯泡** ◀

一个人如何单手换螺口灯泡？

17 欢迎失败

"原创的失败比成功的模仿更好。"

——赫尔曼·梅尔维尔（Herman Melville）

"失败之后往往很快会取得成功。"

——汤姆·凯利（Tom Kelly）

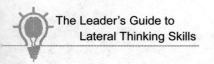

如果你赋予人们创新的自由、试验的自由和成功的自由，那么你也必须给他们失败的自由。根据 AT & T 公司狄帕克·西赛（Deepak Seethi）的说法，明天的组织将要求错误和失败。只有尝试很多举措我们才能将机会转化为成功。

20 世纪 50 年代，佳纳兹兄弟发明了旋涡浴缸，用于关节炎患者的治疗。虽然产品是有效的，但它在销售上是失败的。目标市场上关节炎患者很少能买得起昂贵的浴缸。所以这个想法很糟糕，直到他们试图在不同的市场上推出同样的产品——作为富人的奢侈品。这次他们取得了很大的成功。

是什么让硅谷成为高科技发展的引擎？是达尔文式的失败过程。评论家和作家麦克·马龙（Mike Malone）这样描述：

> "局外人认为硅谷是成功的，但事实上，这是一个坟墓。硅谷最大的优势是失败。每个失败的产品或企业都是保留在集体记忆中的一课。我们不以失败为耻，我们钦佩失败。风险投资家喜欢在创业者的简历中看到失败。"

本田汽车公司于 1959 年进入美国市场，生产小型摩托车。它经受了一次又一次失败之后才明白了一点：在东京郊区流行的小型摩托车在美国宽敞的道路上并不受欢迎。本田最终生产了一系列的高性能摩托车，这些摩托车在美国非常受欢迎。本田创始人本田一郎说：

> "许多人梦想成功。只有通过反复的失败和反省才能取得成功。成功代表了你工作的 1%，而其他的 99% 是失败。"（科克斯，2001）

意外总会发生——所以要充分利用它们

"所有发明者中最伟大的是意外。"

——马克·吐温（Mark Twain）

当哥伦布出发寻找到达印度的新路线时，他失败了。他找到了美国（因为他认为这是印度，所以他把当地人称为印第安人）。

香槟是一位名叫唐·培里侬（Dom Perignon）的僧人在一瓶葡萄酒偶然发生二次发酵时发明的。

1839 年，查尔斯·古德耶（Charles Goodyear）意外地将一些混有硫黄的橡胶放在热炉上，才发现了硫化。他因此在 1844 年获得了专利。他利用了这次事故，结果是一个重大的创新。

3M 发明了一种失败的胶水——粘不住东西，但它成为"便利贴"的基础，这是一个巨大的成功。

宝洁公司的象牙皂也是因错误而产生的结果。有一名工人在去吃午饭的时候开着一台机器。回来的时候，他发现了一块非常光滑的泡沫肥皂已经形成。他主动将它推荐给产品营销小组，产品营销小组抓住机遇，在这次意外的基础上打造了一个成功的新品牌。

辉瑞公司的科学家们测试了一种叫伟哥的新药，以缓解高血压。试验组中的男性报告说这种药不能降血压，但它有一个有益的副作用。制造商辉瑞公司调查了副作用，发现这种药对男性的性活力有很大的影响。伟哥成为有史以来最成功的失败之一。

1978 年，索尼公司的工程师试图开发一种小型便携式立体声录音机。他们可以把它做得很小，但不能录音，而这是录音机的设计标准之一。该项目最终失败而被取消。索尼公司的董事长伊布卡先生有一个想

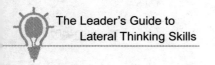

法，认为这个失败的项目能与索尼的另一个项目关联起来。他建议将这两种产品结合起来生产一种便携式机器，通过轻便的耳机播放磁带，索尼随身听就此诞生。业内专家对磁带录音机不能录音也没有扩音器的想法嗤之以鼻，但索尼用巨大成功的创新产品证明他们是错的。

一些最伟大的发明和发现是偶然、事故或失败的结果。重要的是要持开放的态度，能在新知识中看到可能性。这样你就可以从意外中抓住机会，就像弗莱明所做的那样。

即使失败并不直接导致成功，也可以看作成功路上的一步。爱迪生对待"失败"的态度值得我们借鉴。当被问及为什么他的许多实验失败时，他解释说，这不是失败。每次他都发现一种方法行不通。

汤姆·沃森（Tom Watson）是 IBM 的传奇总裁，他曾经引领公司经过了快速增长的年代，那时公司是美国最受尊敬的公司之一。他鼓励那些被自己称为"野鸭"的有着非传统和破坏性思想的人。有一次，有一位副总裁的试验失败了，他被叫到沃森的办公室。副总裁预计自己会被解雇，于是他递交了辞呈。沃森拒绝接受。"我们为什么要失去你？"他说，"我们刚给你交了 1 000 万美元的学费。"

另一位欢迎失败的总裁是维珍集团创始人兼负责人理查德·布兰森。据他的发言人约翰·布朗（John Brown）说："他成功的秘诀就是他的失败。他不断创新，其中很多都失败了，但他不在乎。他一直在继续。"

1985 年，可口可乐推出了"新可乐"———种取代"经典可乐"的新口味。它已经在消费者测试中得到了很好的测试，但这是一场营销灾难，并且失败了。可口可乐不得不忍气吞声，并重新推出经典可乐。这次大灾难是否对可口可乐造成了长期的伤害？可能不会。要为这一失败负责的高级管理人员和市场专业人员全部被解雇了吗？不，没有。这是一次失败的实验，但可口可乐幸存了下来并且变得更加强大了〔瑞德斯单（Ridderstrale）和诺德斯特龙（Nordstrom）1999〕。

比尔·盖茨从微软的首席执行官上退位，这样他就可以把更多的时间和精力放在公司发展战略的领导上。他对自己于 20 世纪 90 年代初期成立的微软研究院产生了浓厚的兴趣，这是一个有 600 人的智库，致力于推动软件技术、用户界面设计、语音识别和计算机图形学的发展。正如他的一位同事所说的那样："比尔不畏惧抓住长远的机会。他明白，你必须尝试一切，因为创新的真正秘诀是快速失败。"（斯坦，2002）

水平领导者鼓励实验文化。你必须教导人们，每次失败都是成功路上的一步。风险投资基金的哲学是有益的。他们非常仔细地选择自己投资的企业，尽管他们十分关注，但每 10 家创业企业中预计会有 5 家失败，三四家成功，或者一两家成功。这一两家企业的成功可以让风险投资基金轻松地收回之前的投资。

关于欢迎失败的提示

- 区分两种失败——"诚实"的失败，即诚实地尝试新的或不同的东西而失败了；"无能"的失败，人们在标准操作中因缺乏努力或能力而失败。
- 确保员工知道"光荣"的失败不会受到批评。
- 让人们承认甚至吹嘘自己曾经有过或尝试过一些创新的失败。将这些失败转化为学习经验。
- 在一种非常厌恶冒险、善于推卸责任的文化中，通过奖励光荣的失败来解决这个问题。公开表扬和奖励那些有过光荣的失败的人。

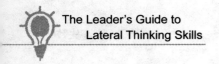
▲ **重大收益** ◢

　　在加利福尼亚州的淘金热中，一位年轻的企业家前往加利福尼亚，向矿工出售帐篷。他认为，为成千上万涌来淘金的人们提供帐篷是一个很好的想法。遗憾的是，天气非常暖和，矿工在露天睡觉，对帐篷的需求也不大。他怎么做？

18 利用团队

"实际经济增长的引擎不是技术而是创新。"

——超微半导体公司（AMD）首席执行官

海克特·鲁毅智（Hector Ruiz）

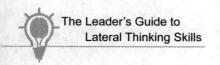

孤独的天才——有灵感、有创造力的人独自工作——的形象深入人心。但事实是，团队通常在创造和改进创意方面更为有效。在一个小团队里，人们可以彼此启发，一个人的想法可以触发其他人的想法。伟大的发明家爱迪生并不是独自创造一切，他身边有一个由 14 名助手组成的团队。史蒂夫·乔布斯在他的书《旅程就是奖励》(1988)中，讲述了团队是如何创建苹果公司的。他将他们的签名印在外壳的内侧，以此来认可他们的努力和贡献。

水平领导者知道如何营造渗透整个组织的创新氛围。每个员工都觉得自己像一个可以贡献创意和解决方案的创业者。每个想法，无论多么愚蠢，都是受欢迎的，因为他们认识到不好的想法可以产生好的想法。高级管理人员和"专家"不要批评新观点或过快分析这些观点，这点很重要。如果通过砸碎他人的想法来显示自己的优势，他们就会堵住想法的源泉。你必须鼓励人们自愿提出想法。做到这点的一个好方法就是向一个小团队、一个部门或整个组织提出挑战。我们有一个紧迫的问题，我们需要你的帮助，找到一个好的解决方案。当有人提出一个创新的想法时，他们必须得到认可、赞扬和奖励。消息很快就会传播开来：好的想法受到欢迎，疯狂的想法不被嘲笑，每个人都可以为组织的成功做出贡献。

影响每个人的一般问题可能变成整个组织范围的挑战。一个很好的例子是为公司或新产品或部门取一个新的名字。当谈到更具体的挑战时，如设计一个新产品，把一个小型的跨领域的团队集合起来解决这个问题通常会更好。他们应该对这个问题负责，不停地努力完成。这样，将新产品推向市场的传统漫长时间将大大缩短。

一家大型化妆品公司向员工提出了两个挑战。我们怎么才能销售更多的牙膏？我们怎么才能销售更多的洗发水？员工提供的答案中，有两个得到执行，并且发挥了巨大的作用。一个是增加牙膏被挤压的孔的直径，以便在牙刷上出现更多的牙膏。另一个是在洗发水的说明中加入"重复"一词（科克斯，2001）。

Google 通过创新成为网络领域里领先的搜索引擎门户网站。它从哪里得到想法？自然是从其员工那里。Google 需要持续不断的新创意，因此鼓励所有部门的员工在内部网页上发表想法。产品管理副总裁乔纳森·罗森伯格（Jonathan Rosenberg）说："我们从来不说'这个小组应该创新，其余人只要做好自己的工作'。每个人都花一部分时间在研发上。"他们发现，即使羞于在会议上自愿提出想法的员工也很乐意将其发布到内部网页上。然后在星期五的会议上讨论最好的想法，每个人最多 10 分钟提出最有前途的想法。会议保持简短并以行动为导向。通常提出这个想法的人负责把它变成现实。（沃纳，2002）

玩具巨头美泰公司（Mattel）以其芭比娃娃的品牌获得了巨大的成功，这是一个年收入超过 20 亿美元的娃娃。公司希望利用内部创新来巩固这一成功。所以在 2001 年，高级副总裁爱维·罗斯（Ivy Ross）创立了一个名为 Platypus 的项目。项目组的 12 名成员来自公司不同的职能部门，他们轮岗到这个小组中。他们参加了这个项目三个月，并且进行了富有创造性的工作。在不同的环境中工作，他们使用外部刺激，研究玩乐时的儿童，并有自由来产生和测试想法。参与者很享受这些经历，并将他们的新创意技能带回到自己的部门。结果令人吃惊，有许多新产品被推出，并且上市时间缩短。正如爱维·罗斯所说："设计师不是唯一能创造玩具的人。如果你把一群有创造力的思想家放在正确的环境中，然后给他们这个头衔，你会发现惊人的创造力。"（索尔特，2002）

你应该如何收集想法并将其分类？有些组织仍然在餐厅墙上使用建议箱，这当然比没有好。最新的方法是基于电子邮件或内联网的系统。

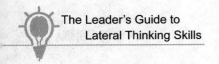

无论你用什么系统来捕捉员工的想法，重要的是对它们进行分类并做出回应。每个想法都必须被记录和评估。建议的发起者应该收到感谢，并被告知接下来会发生什么。如果想法只是被丢掉或忽视，那么鼓励员工产生想法并没有什么好处。这些想法应被记录在一个想法册中，并列在不同的类别中，如：

- 产品改进与扩展；
- 安全；
- 节约成本；
- 员工福利；
- 流程；
- 激进。

请注意，没有"坏"或"愚蠢"的想法。每个想法都应受到欢迎并被分析。

培训

创造力不是少数有天赋的人才拥有的稀有技能。如果我们受到鼓励，并且有人教我们如何做到这点，我们每个人都可以拥有创造力。我们都有想象力，但我们中的许多人已经停止使用它。我们习惯了例行公事，陷入自己思维的窘境。结构化的培训课程和使用本书后面给出的技巧，可以用来改进和提高人们的创造性技能。同样重要的是，这些培训让人们有信心产生想法，并对改变和改善直言不讳。通过适当的培训，人们可以培养提问，头脑风暴，以及对想法进行修改、组合、分析和选择的技能。他们可以成为组织所需的创新引擎。

⮂ 关于利用团队的提示

- 将来自不同背景和部门的团队成员组成具有特定目标和挑战的任务小组。

- 确保团队不要太大，也不要太舒适。团队应该承担一些建设性的压力。

- 根据人们的才能、精力、热情和创造潜力来甄选人，而不只是根据经验及是否适合某项任务。

- 将挑战扔给团队。给他们一个目标和时间范围，说清你希望得到创造性的解决方案，而不是"差不多"的解决方案。

- 不定期参加团队会议，让团队感到他们的重要性并且给他们增加一点动力和激情，但不要主控会议或将会议变成你的表演。

⮂ 何时走向外面：使用外部团队

尽管内部团队是思想、创造力和创新的巨大潜力来源，但它也有其局限性。认识到外部输入也是很重要的。尤其是当你需要从其他行业或技术中获得见解和想法的时候，更是如此。一家大型石油公司想要开采北海中与它的主井邻近但又分开的油田。他们认为爆破比钻探更有效。这家石油公司向 QinetiQ 求助，这是一家研究公司，原本是英国国防部的科研机构。QinetiQ 从事炸弹和爆炸物的研究，所以该公司能够提供帮助。QinetiQ 还帮助过一家高性能汽车制造商设计驾驶环境，因为QinetiQ 拥有驾驶舱设计和战斗机仪表布局的经验。（奇瑟姆，2002）

大多数组织仅在一个或两个领域拥有专业知识，并且拥有与之相关的技术。所以有必要吸取外部新鲜的想法、投入和技术。这可以通过与

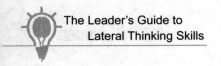
大学、行业协会和研究机构的正式合作来完成。水平领导者应该花时间与其他行业的高管会面，以协助这个过程。董事会、商会和扶轮社都是新的联系和想法的来源。

可以通过引入顾问来帮助组织激发创造性和变革的过程。顾问通常有来自其他行业的经验，他们有从外部视角来看待你的业务的优势。他们没有你和你的同事根深蒂固的假设和经验。一些顾问会带来他们自己的一套假设，并过快地跳到规定的解决方案，但好的顾问会问很多探究性的问题，迫使你面对你认为理所当然的事情。

另一个重要的外部思想来源是客户。大多数公司进行传统的客户调查和焦点小组访谈。这些是有用的反馈渠道，但从原创的观点来看，它们往往令人失望。客户善于要求逐步改进产品、降低价格和提供更好的服务，但在预测重要的新产品或创新以满足他们的需求方面，他们并不擅长。在传真机发明之前，哪些客户会预测到自己需要它？从客户那里获得见解的更水平的方法是详细研究他们如何使用你的产品或服务，并观察他们有哪些实际问题。

西雅图的福禄克（Fluke）公司以创新的手持式测量产品而闻名。他们派出了一批观察员到化工厂观察维修工程师，发现工程师不得不携带各种不同的仪器来校准不同的温度和压力表。他们还注意到，在进行校准测量后，工程师将把读数写在剪贴板上，然后将其转录到计算机中。这个过程非常耗时，而且容易出错。因此福禄克设计了一种新产品，使用灵活的软件来校准化工厂中的任何仪表。它也记录了结果，可以直接下载到工程师的计算机上。最终的产品是福禄克文件处理校准器，最终取得了巨大的成功。（库珀和埃迪特，2001）

应该广泛利用外部输入的资源，但变革的最终责任由组织内部的高级管理者承担。他们必须借鉴外部的专业知识、自己创造力和主动性，把创造性的想法转化为可实现的创新。他们不能把水平领导力外包出去——他们必须自己展示出来。

⬚ 关于使用外部想法来源的提示

- 要认识到，虽然你的内部团队是一个伟大的创意来源，但你也需要从外面输入。
- 确定你的领域之外的有用技术与流程。
- 鼓励员工与其他行业和部门的人员沟通。
- 参加跨行业的机构会议和研讨会，建立外部网络。
- 与当地大学和研究中心建立联系。
- 谨慎地使用顾问作为新见解和想法的来源。
- 将客户作为想法的来源。问他们很好，但观察他们更好。

请记住，虽然来自外部的想法是好的，但只有那些得到实施的想法才能发挥作用，选择和实施它们是你的责任。

▶ **加州的金门大桥** ◀

旧金山金门大桥的所有交通都停了，但不是由于交通问题或桥梁维护。你认为他们为什么这样做？

---

19 创新工作的组织

"不要走到路可能带你去的地方，而要走到没有路的地方留下踪迹。"

——拉尔夫·瓦尔多·爱默生（美国作家）

水平领导者应如何将组织结构化来实现创新？为培养创造力，应该采取什么管理政策？如果重点是测试新的想法和原型，公司的哪个部门应该承担这些功能？让现有的生产部门还是应该让一个单独的创新部门来处理？答案取决于现有业务的规模和性质。

🔀 小企业面临的挑战

在小企业中，灵活性应该成为它们的口号。公司的 CEO，很可能也是创始人，必须努力培养每个员工的主动精神和创业精神。这比听起来更具挑战性。围绕新产品或服务而组织的小公司必须将所有的精力和时间集中在业务的运作上。如果想法成功，需求强劲，随着公司的发展，生产、招聘、管理、客户服务和交付都将受到压力。另外，如果有趣的想法没有达到预期的效果，那么就应该立即纠正错误以及营销与销售。如果盈利能力较弱，那么在困难的情况下就需要额外的资金。不管是在哪种情况下，能创新的余地都很小。在许多方面，成功的小公司最不具有创新的动力，因为管理者可以看到，通过执行更好的改进流程，他们可以获得成功的回报。挣扎中的小企业应该有强大的创新动力，但自然的倾向是试图解决问题，并使现有的想法"回到正轨"。

大多数规模较小的公司每周举行一次高级管理人员会议，审查衡量业务进展的关键指标、讨论问题并就行动达成一致。重点往往是业务面临的问题。为什么产品不符合规格？为什么销售落后于目标？我们可以做些什么来提高客户服务水平？为什么现金流落后于计划？确定问题并采取行动来解决这些问题是大多数企业管理者的共同目标，这些都是重要的活动。但是，他们很少或根本没有时间去发现和利用新的机会。

水平领导者将确保留出时间寻找机会和解决问题。挑战在于，今天的问题本质上都是紧迫的，而明天的机遇却是模糊的、未经证实的。但

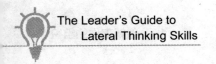
是，如果所有的重点都集中在解决今天的问题上，那么就不会在新的想法种子上投资，而这些种子才能产生明天的收获。美国和欧洲的无线电制造商在 20 世纪 50 年代非常注重提高基于真空管（或阀）的现有无线电设计的质量和生产，因此他们错过了晶体管收音机。这给日本制造商留下了一个机会，后者以更便宜和更可靠的型号占领了市场。

解决这个问题的一个好方法就是每月召开一次管理会议，寻找机会、意想不到的成功、市场趋势、竞争行为和新的想法。人们会争辩，企业目前面临各种问题的威胁，他们不应该花时间在这种不确定、不保险的东西上，但领导者必须在例行的日常救火工作的同时向人们宣传在这些活动上投入时间的长远利益。

大企业应如何准备

人们经常认为，大型组织是缓慢的、笨重的，充满官僚主义，并且抗拒变革。有些组织可能是这样，某些公共服务机构和政府机构确实如此。但很多大型企业具备了很好的创新能力。苹果、谷歌、亚马逊、特斯拉汽车、强生、宝洁、微软、惠普和 ABB 等，都是具有领先创造力的大型公司的例子。这些公司通过系统地将创新纳入其流程，展示了创新管理方面的最佳实践。

这些大公司邀请人们从一个领域跨到另一个领域，打破可能孤立不同部门的"孤岛"。他们鼓励人们从制造业转向销售或从研究转向财务。这对于员工士气提升是有好处的，也让人们能够更好地理解不同的部门。它阻止公司的部门变得过于僵硬，满足于自己的运作方式。它鼓励人们从不同的视角看事物。

人们普遍认为，多样性、凝聚力和自主性会增加一个团队的创新能力，但赛西、史密斯和帕克的研究挑战和完善了这些想法。（赛西、史密斯和帕克，2002）他们研究了消费者产品行业中 141 个团队开发的新产品。他们发现，团队功能多样性的增加并不一定会增加创新，团体成员高度的社会凝聚力可能会压制交流意见，因为凝聚力专注于维系关系和寻求共识。他们建议管理者减少团队中代表不同职能领域的人员的数量，以帮助团队明确自己的身份。他们应该和一些外来的人在一起，以降低可能抑制创造力的社会凝聚力。与传统观念相反，他们认为高级管理人员不应该采取不干预的态度。密切监测团队可以激励他们，并强调项目对公司的重要性。最后，他们指出，对创新的期望是关键。应该对团队讲明白，团队要进行试验和承担风险，而不是对现有产品和流程进行增量式的改进。

成功的大型组织会制订创新计划，并以许多小型组织无法做到的方式为其分配资源。它们有创新小组评审所有的产品、服务、流程、方法和推向市场的路线，以实现下面的目的。

- 识别过时的和老化的产品及流程，并安排改进。这些组织认识到，企业中的每件事物都有一个生命周期，必须预计到生命周期的终结，以便做好取代的计划。即使今天运行成功并且有利可图的系统也必须经过审查，以确定是否应该用更好的方法替换它们。通过引入优秀的版本来使自己的产品过时比发现竞争对手已经打败你更好。

- 它们在每个地区和部门设定产生新行动以取代已过时项目的目标和最后期限。一般的规则是，每个新的流程都需要启动三项新的举措。新产品试用的成功率达到 1/3，所以最好是生成一大堆的想法，然后至少选择其中的三个创造原型。每个创新项目都应该有一个项目计划，其中包括客户反馈的最后期限和计划日期。

- 它们根据个别项目和整个组织的目标来衡量进展情况。它们监测

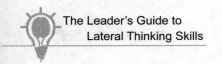
关键指标，包括去年实施了多少新产品或新流程，新产品或服务的收入比例是多少，下一个时期将推出多少新产品，等等。它们还试图评估更多的主观参数，如谁被视为行业中的创新领导者，以及组织在市场创新中与竞争对手比较如何。

- 它们系统地从技术和行业的趋势、市场的意外成功、客户反馈和各级员工的意见中寻找新思路的来源。

- 它们将门控流程应用于项目和原型，以检查是否符合项目的里程碑。它们确保项目通过营销、技术和财务的障碍，以获得进展并获得更多的财务和开发资源。

大型组织的水平领导者注重在政策与实践上、语言上沟通创新的重要性。因此，奖励系统认可开发新产品和新工艺比管理或改进现有的成熟产品和方法更有价值。

此外，进入创新团队的是最好的、最有前途的人，所以创新的努力被认为是高价值、高信誉的。它们应该被视为职业发展的垫脚石。创新团队的奖励制度应该与现有奖励短期收入和贡献的制度不同，应该把团队工作人员当成创业者，用奖金、股票期权等对他们达到项目里程碑进行奖励。

新的业务、产品或服务的创新原型是否应该让现有部门进行管理和开发，还是应该放入特殊孵化部门中？把它们放在专注于创新的特殊部门通常会更加有效。彼得·德鲁克是这么解释的：

"创新的努力不应该向负责持续运营的管理人员汇报。新项目是一个婴儿，在可预见的未来仍将是一个婴儿，婴儿属于托儿所。负责现有业务或产品的管理人员没有时间管理婴儿项目，也不理解婴儿项目。（德鲁克，1985）

当 IBM 让小型的"臭鼬工厂"团队竞争开发个人计算机时，它就是这么做的。在仅仅 12 个月的时间里，唐·埃斯特里奇和佛罗里达州博卡·拉顿（Boca Raton）的 12 名工程师构建了一个原型，获得了批准，并启动了一个项目，这个项目重新定义了市场并为个人计算机设定了新的标准。

招聘水平思考者

你怎样才能把舒适、自满和厌恶风险的企业文化变成充满活力、创造力和创新的企业文化？一个关键的行动就是停止雇用舒适、自满的风险厌恶者，并开始雇用充满活力的创业者。麻烦在于，管理人员倾向于雇用像他们一样并且能"适应"团队的人。那些能够适应传统、没有冒险精神的人，可能持有传统的、毫无冒险精神的观点和态度。

许多拥有年轻球队的管理者不愿意让年龄较大的成员或来自完全不同背景的人加入球队，但同质化的球队不如多元化的球队。研究表明，相处得很好的团队比有一些冲突的团队的创造力要低。如果一个群体中的人几乎总是相互认同，那么他们正在舒适的区域内工作。如果你想在你的组织中有更多的创意和更多的创新，那么你就需要雇用那些具有不同思维、挑战传统政策的人。应该告诉招聘经理，尽可能聘用不同背景的人和具有创造潜力的人。

你如何发现水平思考者、创新者和创业者？以下是在面试时可能有所帮助的一些问题。

- 你喜欢怎样被管理？

你喜欢给你很多支持的老板还是让你抓紧干的老板？创业者喜欢明确的目标并且有足够的自由来完成工作。

- 你在工作之外的主要业余爱好是什么？

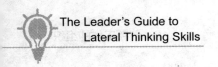

对你来说，什么是有趣的？这种类型的问题揭示了他们的创造力。有创意的人会在工作之外做一些做创造性的事情。在乐队里演奏、写博客或绘画的人，可能比喜欢看电视、打高尔夫球或和朋友在一起的人更有创造力。

- 告诉我你采取主动并创造性地解决工作问题的一次经历。

不要只看他们的答案的表面，要问一些跟进的问题，看看他们的实际贡献是什么。

- 告诉我你冒险但失败的一次经历。

有创造力的创业者会乐于冒险。他们接受失败是成功过程的一部分，他们从中学习。从未失败的人从来没有尝试过任何新的或冒险的东西。

- 你将如何处理我们在这里可能遇到的这类问题？

给他们一个真实或假设的、涉及你可能面对的一个艰难挑战的问题。他们不应该给你一个答案，而是应该问一些问题，并提供一些可能的想法。你正在测试他们解决问题的方法。你也可以尝试问一个与工作无关的问题，看看他们是怎么想的。例如："你能想出任何有创造性的想法来减少这个城市的交通堵塞吗？"这里没有正确的答案，但有很多安全的、可以预料到的选择。但是，水平思考者可能想出一些非常规的方法。

面试的另一个好的指标是他们问你的问题的类型。为候选人提供提问的机会。他们是问细节导向的、世俗的问题，还是问全局的战略性问题？如果你想要更多的创新，那么你不希望有一个相似的团队。你要的是技能、经验、背景和态度的组合。所有的团队成员都应该认同组织的价值观、愿景和目标，但如果他们对如何最好地实现目标有不同的看法，那就更好了。让我们欢迎所有这些想法，选择其中最好的进行尝试。

🗂 创造力的度量

创造力可以度量吗？一个组织可以建立度量标准来校准其创新能力吗？创造力在某种程度上是主观的。从绝对意义上来说，很难度量，但可以使用度量来估计你的组织做得如何，以及你的组织是否变得越来越好。第 3 章的创新测试问卷就是一个例子。此外，你可以为员工、流程和产品建立评估创造力和创新的度量措施。

管理者可以根据工作的原创性、想法和建议、开放的态度、对外界想法的接受程度等来评估团队成员的创造力。应该对员工进行评估，并以公开的方式与他们进行讨论。确定需要改进的地方并制订行动计划，如培训。所有内部流程都可以根据以下问题进行审查和评估：

- 这个流程是否在过去一年得到了改进或简化？
- 我们实施了多少新流程来取代过时的或不相关的流程？

同样，对产品和服务：

- 去年有多少新产品或服务上市？
- 我们总收入中有多少来自过去两年内推出的产品或服务？欧盟企业的平均值是 20%。
- 从最初批准新产品的想法到推出产品，需要多长时间？
- 我们在新产品开发上的资金投入占了多大比例？
- 我们是否达到了新产品开发和推出的目标？
- 我们的研发投资与竞争对手相比如何？我们的新产品、计划和专利的产出与行业标准相比如何？
- 我们是否在行业中被看作产品和服务的创新者？

为了回答这些问题，我们可能在客户、供应商和员工之间进行调查，以评估他们对我们在创新、接受变化和独创性上是怎么看的。

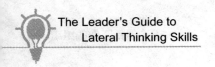

我们应该努力度量和奖励创新的另一个领域是在员工评价过程中。员工评价通常是一年一次，员工根据目标评价他们的绩效，然后经理在讨论后给出评级。以下问题可以添加到自我评价表格中：

- 你今年提出了什么想法并得到支持？
- 你在工作中实施了哪些创新？

只加入这些问题，管理者就会发出一个强有力的信号，即创新和创造力将被重视和考核。

关于组织创新工作的提示

- 举行专注于机会而不是问题的会议。
- 把在创新上投资的好处传达给整个组织
- 制定在产品、服务和流程上进行创新的目标。
- 确定现有产品和流程的预定退出计划。
- 为每项创新计划三项新举措。
- 建立具有明确创新目标的跨职能团队，激励他们冒险。
- 将原型实施纳入一个单独的、由具有多种技能的且能干的人组成的部门或职能部门（"创新孵化器"）。
- 设定目标和期限。
- 使用门径管理等系统实施门控流程，对想法和原型进行评估。
- 根据目标度量员工、产品和流程的创新绩效。
- 让具有影响力和威望的人负责创新工作。
- 鼓励人们在组织内部从一个部门向另一个部门水平移动，以丰富思想和文化。
- 把最好的人放在创新项目上，并确保这样的项目被视为有利于职业发展。

▲ 火车晚点 ◢

　　一名商人打电话到火车站询问列车时刻，但当他到达火车站时，他惊讶地发现他早到了半小时。他的火车是几点的？

20 常见的错误

12 种压制创造力的"好"方法

"他表现出极大的独创性，必须不惜一切代价加以遏制。"

——演员皮特·乌斯蒂诺夫（Peter Ustinov）的学校报告

如果水平领导者做了所有正确的事情，那么整个组织中应流动着创业者精神，产生一系列导致创新的想法。可为什么不是这样呢？大多数首席执行官、主席、副总裁和董事都认识到，他们的组织需要提高创造力，并构建创新产品和服务的流程，但他们没有实施培训或流程来实现这一目标。更糟糕的是，他们可能并不知道在他们的行动中有许多做法抑制了想法的产生，并将创新扼杀于摇篮之中。下面是一些最常见的错误，所有这些都是压制创造力的"好"方法。（斯隆，2002）

批评

你听到任何新想法时的自然反应是批评它，指出一些弱点和缺陷，这些都将阻止想法的产生。你越是有经验、聪明，就越容易挑剔别人的想法。迪卡唱片公司拒绝了披头士，IBM 拒绝了施乐公司复印机的想法，DEC 拒绝了电子表格，各大出版商拒绝了第一本《哈利·波特》小说。现在大多数组织都在发生这种事情。新的想法没有经过充分的考虑，所以很容易被认为是"坏"的想法而被拒之门外。它们偏离了我们对企业的狭隘关注，所以我们把它们放在一边。但不存在这样的"坏"想法。不好的想法往往是好想法的出色跳板。每个组织都需要大量糟糕的、愚蠢的、疯狂的想法，因为在这些组织中，有些概念我们可以修改，使之变成可行的创新。更重要的是，如果每次有人来找你的时候你都提出批评，这就让人不敢再提出一些建议。它传达了一个信息：新的想法不受欢迎，任何提出想法的人都在冒被批评或嘲笑的风险。这是肯定会粉碎员工创新精神的一种途径。

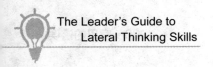

忽视头脑风暴

有些人认为头脑风暴过时了，但头脑风暴仍然是产生新想法和让各级工作人员参与的最佳途径之一。如果你的组织没有经常举行头脑风暴会议来寻找创造性的解决方案，那么你就错失了一个获得新想法的好机会，并向员工表明他们不需要输入信息。头脑风暴应该是短暂的，并且具有很高的能量水平。它们应该有一个明确的重点并产生大量的想法。它们应该由热心的促进者担任主席，他们鼓励想法的流动，确保一开始不会对这些想法进行批评或判断。

囤积问题

董事和高级管理人员应该承担解决公司所有重大问题的责任。战略问题对于普通员工来说过于复杂和高层次。有人担心，如果基层员工知道组织正面临的一些战略挑战，他们会感到不安全和有威胁。但组织中较低层次的人往往更贴近客户，他们可以看到什么可行，什么不可行。他们对发生的事情有一个非常清晰的了解。如果让他们参与进来，帮助寻找解决方案，你将发现更多有用的想法。你会得到更好的决策，员工也更有可能认同他们参与形成的决策，而不是仅仅被动接受。

效率高于创新

管理者很自然地会专注于使当前的商业模式更好地发挥作用。每个过程都可以改进。但是，如果我们完全专注于把事情做得更好，那么我们可能会错过让事情变得不同的机会，那就是创新的本质。最终创新会打败效率。如果你生产计算尺，提高效率并不能阻止电子计算器取代计算尺。你必须改进现有流程，同时不断寻找并尝试为客户提供价值的新方法。专注于效率是一个危险的方法。

超负荷工作

伴随着关注效率而来的是一种艰苦工作、加班的文化。这里的问题是相信只有努力才能解决问题。通常我们需要找到一种解决问题的不同方式，而不仅仅是在旧的方式上下功夫。我们需要花时间寻找新的机会。如果你专注于一种做事方式，并且花费所有的时间来实现目标，那么你怎么能找到时间去尝试实现你的目标的新方法？如果你一直在生产煤气灯，并且整天工作以生产更多的灯，那么你就没有时间学习电和发明电灯了。我们的工作需要一些时间或一些乐趣、一些水平思考、一些疯狂的想法和一些新的举措的测试。

这不在计划中

"我们不能尝试这个想法，因为它不在计划中，我们有预算。"那些计划非常详细并坚持这些计划的组织正在把自己置于束缚之中。它们将自己局限于规划者在构思计划时看到的世界观中。市场和需求变化如此之快，以致我们上周的观点可能已过时。那我们去年 12 月制订的计划究竟有多准确呢？组织计划应该是松散的框架，作为指导而不是详细的路线图。组织必须考虑到市场条件的突然变化、新的威胁和机会及试验。这个计划不应该成为缺乏想象力的管理者隐藏的掩体。

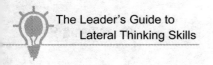

⮂ 责备

责备失败的文化是扼杀创业者精神的一种方式。大多数创新项目都将失败，但它们仍然是值得的，因为只有通过尝试才能确定哪些有希望的想法是赢家，哪些是有利的。如果人们担心他们会因失败而被指责，那他们为什么要尝试新的东西呢？

⮂ 错误的奖励

如果你的奖金是为了奖励成熟的产品和业务而设立的，那么很有可能人们认为开创新的业务线是完全错误的。典型的奖金以季度营业收入和贡献的百分比作为基础。但是，对于新产品或新服务来说，第一季度可能产生很少的收入，并且不会产生实际贡献。运行创新项目的团队需要不同的激励机制。他们应该因达成项目里程碑而获得奖励。他们应该被视为创业者，并给予与项目的长期成功挂钩的股票期权。

⮂ 将变革外包出去

顾问可以提供许多有用的技能，其中之一就是作为一个局外人来看待你的业务，不受你所持有的假设和信念的约束。他们可以帮助你看到显而易见的事情。但风险在于，如果将所有构想和实施新方法、产品或流程的责任移交给外部的顾问，那么组织中很少有人会感受到主动权。人们可能对别人的想法产生怨恨和反感。诀窍就是把顾问作为促进创新的催化剂，但在项目早期就要让很多员工参与其中，以获得他们的想法和意见。一线员工比高级管理人员或顾问更贴近客户，更接近行动，他们可以帮助塑造想法，使它们更加可行。如果员工帮助设计，他们也将更加致力于使这一变革取得成功。

从内部员工中提拔

从内部员工中提拔通常是一个好兆头。它有助于留住优秀的员工，员工可以看到忠诚与辛勤工作的回报。但是，如果所有的管理者都是从内部晋升的，那就意味着他们都是在同一种文化中长大的。他们很难看到组织流程中的缺陷和弱点。他们很难用外人的眼光来看待这个行业。你可能最终得到一个"这就是我们如何做事"的态度——抵制改变和破坏性的想法。管理团队中的一些新鲜血液将帮助你看到用其他方式做事情。招聘时，不要只是寻找那些"适合"并符合企业模式的人，寻找不同的、敢于向组织提出异议的人。

将创新项目提供给生产部门

在大型组织中，一个常见的错误是将创新项目交给正在经营常规业务的经理。这似乎是一件很自然的事情，但通常也是致命的。新的产品或服务就像树苗，要把它留在温室里，直到它们变得强壮起来。常规的业务经理忙于实现每个月的最后期限和目标，难以给予原型业务所需的关注。把这些幼苗放在一个特殊的部门——有时被称为创新孵化器。这个部门有着不同的目的和目标，工作时间较长，由在组织具有高度权威的创新总监领导。

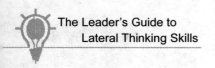

⧉ 没有培训

如果我们受到鼓励并得到关于如何去做的指导，我们每个人都可以更有创造力。我们都是富有想象力的孩子，但大多数人的创新本能逐渐被工作所淘汰。通过适当的培训，人们可以培养提问、头脑风暴及对想法进行修改、组合、分析和选择的技能。人们可以重新发现自己的想象力。

▶ 易捷航空 ◀

易捷是欧洲领先的低成本航空公司。它以许多低成本航空旅行的创新而闻名。易捷航班上没有免费饮料。如果你想喝，就必须购买。根据最近的一篇杂志文章，这项政策可带来两个主要的商业利益。一个是创收。你觉得第二个是什么？

21　21 种创新的好途径

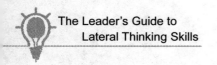

水平领导者一直在寻找新的创新方式。不断创新并不容易，如果继续使用相同的方法，你将得到越来越少的结果。如何反复实施优秀的新产品、流程或服务？尝试通过采用以下这些想法来创新你的创新方式。

复制别人的想法

创新的最佳途径之一是找一个适用于其他地方的想法，并将其应用到你的业务中。亨利·福特看到生产线用于肉类包装厂，然后将它应用到汽车行业，从而大大减少了组装时间和成本。

问客户

如果你只是问你的客户如何改进你的产品或服务，他们会为你提供大量有关渐进式创新的想法。通常情况下，他们会要求增加新的功能，或者让你的产品更便宜、更快、更容易使用，可用不同的款式和颜色等。仔细听取这些要求，并选择真正有回报的需求。

观察客户

不要只是问他们，要观察他们。尝试看看客户如何使用你的产品。他们是否以新的方式使用产品？这就是李维斯·史特劳斯（Levis Strauss）发现客户撕破牛仔裤时所看到的——所以推出了破洞的牛仔裤。亨氏注意到人们在放酱汁瓶时是倒过来放的，所以设计了一个上下颠倒的瓶子。

利用困难和投诉

如果客户在使用产品的任何方面遇到困难，或者他们进行了投诉，那么你就有了一个强有力的创新起点。让你的产品更易于使用，消除当前的不便，并引入改善措施，以解决投诉。

组合

你的产品与其他东西组合起来形成新的东西。这适用于各个层面。想想一个带轮子的手提箱，或者带相机的手机或带按摩功能的座椅。

消除

你可以从你的产品或服务中拿出什么来使其变得更好？索尼随身听取消了扬声器和录音功能，瑞安航空取消了旅行社和打印的机票，特斯拉汽车取消了经销商陈列室和汽油发动机。

问你的员工

挑战在业务中工作的人们，使其寻找新的更好的方式去做事情，并以新的、更好的方式取悦客户。他们接近客户的行动，可以看到创新的机会。通常只需要给他们鼓励，他们就能提出好的想法。

计划

在商业计划中包含新产品和服务的目标。把它放到平衡计分卡上。

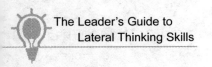

将创新写入每个人的目标。对它进行度量，它就会发生。

举行头脑风暴会议

定期举行头脑风暴会议，在会议上产生大量的新产品创意。让来自不同业务领域的不同群体参加，包括挑衅的外部人员，如客户或供应商。

检查专利

检查你所在领域的专利，其中是否有你可以拿到许可的？是否有些过期了，所以现在可以使用该方法？有不同的方法可以实现该专利的基本理念吗？

合作

与另一家公司合作，可以带你去到你自己不能去的地方。选择一个具有相似理念但技能不同的合作伙伴。梅赛德斯与斯沃琪一起提出 Smart 汽车的概念时就是这样做的。

最小化或最大化

采用行业标准，并尽可能地将它最小化或最大化。瑞安航空将价格和客户服务降至最低。星巴克最大化价格和客户体验。显得不同胜于做得更好。

举行比赛

要求人们提出好的新产品创意。提供奖品。给人们一个清晰的、有针对性的目标，他们会用新颖的想法给你带来惊喜。这对创新和公关很有好处。

问"如果……会怎么样"

问"如果……会怎么样"这样的问题来进行水平思考。挑战适用于你的领域的每个边界和假设。一旦正常的限制被解除，你和你的小组就会想出惊人的想法。

观看比赛

不要盲目追随比赛，而要聪明地观看比赛。小企业往往是最具创新性的，所以看看你能否修改它们的一个想法或获得许可——甚至购买它们！

外包

将你的新产品开发挑战分包给设计公司、大学、创业公司或InnoCentive 或 NineSigma 等众包网站。

使用开放的创新

大型消费品公司如宝洁或利洁时（Reckitt Benckiser）鼓励开发者为它们带来新产品。它们在知识产权保护方面非常灵活，明确地关注正在寻找的东西。现在它们的新产品大部分是在公司之外开始的。

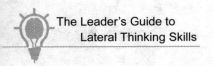

修改产品用于新的用途

为现有产品找到完全不同的应用场景。戴比尔斯公司生产工业钻石，但在引入订婚戒指的概念时发现了钻石的新用途。这为公司开辟了一个巨大的新市场。

尝试用 Triz

创新性解决问题的理论（Theory of Inventive Problem Solving，Triz）是解决问题的系统方法。它可以应用于很多领域，但在工程和产品设计中特别有用。Triz 为你提供了解决矛盾的方法工具箱，例如："我们怎样才能使产品运行得更快但功耗更小？"

及时回顾

回顾一下多年前在你所在部门使用的但现在已不再使用的方法和服务。你能把其中的一种以新的形式带回来吗？据说"速度约会"实际上是维多利亚女王时代的舞蹈形式的重新推出，在这种约会上女士们带着写有预约的卡片。

使用社交网络

跟随趋势，在 Twitter 或 Facebook 等平台上提问。问人们希望在未来的产品中看到什么或新的想法是什么。许多早期采用者都积极参与社交网络群体，并乐于回应提问。

创新的方式有很多。尝试一些对你来说是新的方法，以提高你的创新能力。

22　总结

"应该牢记的是，没有比发起变革更难以处理、更令人怀疑是否会成功且贯彻起来更危险的了。创新者与所有受益于旧秩序的人都变成了敌人，也只得到那些在新兴时期受益的人的冷淡支持。

——尼古拉·马基雅维利（Niccolo Machiavelli）

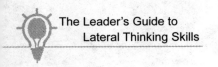

水平领导者懂得把组织的精神转变成每个人都以创造性的和创业的方式解决问题的需要。要做到这点，你需要提高水平领导特质和技巧，以激励和指导你的员工发挥自己的创造潜力。这三个要素是：

- 愿景；
- 文化；
- 过程。

水平领导者花大量的时间和精力来传达愿景及由愿景得出的信息。为了促进双向的交通，他们利用每种沟通方式。领导沟通方向与目标，认真听取各级担忧的事情、想法和反馈意见，以调整计划及传递创意、知识和最佳实践。改变企业文化需要一段漫长的时间，也是首席执行官最具挑战性的任务之一。但是，创造一种统一、体现以下属性的企业文化，是至关重要的：

- 对想法与输入的开放性；
- 质疑权威与传统的智慧；
- 敏捷——准备好、愿意并且能够迅速改变；
- 以目标成就为导向；
- 各级的创业精神；
- 准备好承担风险并从失败中吸取教训。

第三个要素是建立创新过程。这不是在每月的管理会议上突然说的——它成为整个业务的一个组成部分。创新目标和度量标准已经确定。对于需要的新产品、流程等及最后的交付期限，要有明确的目标。设立跨职能团队来处理重要的任务。要教人们学会水平思考和创造力技能，用它们来质疑假设，对业务采取新的观点，并将来自其他来源的想法调整和结合起来。要欢迎每个人的想法和输入。

没有哪个想法是坏的想法，但仅有想法本身是不够的。只有通过仔细选择最好的想法然后创造原型，创造力才能转化为创新。在较大的组织中，可能有一个创新副总裁负责专门创新的部门，监督几十个有前景的想法的试验。然后很快在市场上对想法进行测试，以便度量真实的客户反应，决定这个想法是被调整还是被抛弃。许多创新都以失败告终，可以从中吸取教训。公司大力支持那些取得成功的想法，并迅速推出全面生产所需的全部系统、市场和结构支持。

神奇的句子

压抑创造力的最简单的方法是找出同事或下属提出的新想法的缺陷。你越聪明，越有经验，越容易指责提议。你可以通过列出他们想法中的所有缺陷，展现出你高超的智慧与管理分析能力。正如所有专家向马可尼指出的那样，无线电波沿直线传播，地球是一个球体，所以考虑将无线电信号发射到大洋彼岸是愚蠢的。无线电信号无法穿越大西洋。只需要否定一些疯狂的想法，然后人们就不会再提了。

所以，下一次有人来找你并提出一个古怪的、半成形的想法时，咬一下自己的舌头，然后这样说："这听起来很有趣。我们怎样才能使它成为现实？"

然后让这个人说话。当他扩展这个想法时，你几乎可以肯定地看到能够对想法进行修改使之变为可行的方式。一起探索建设性，你有更好的机会成为胜利者。更重要的是，勇于表达自己想法的人觉得有改进的动力，并可能在未来提出更多的建议。想法受到批评的气氛会压抑创造力，阻止人们前进。欢迎想法的氛围是创新组织的必要前提。这是建立创新企业的重要基础。图 22.1 显示了成功的基石。

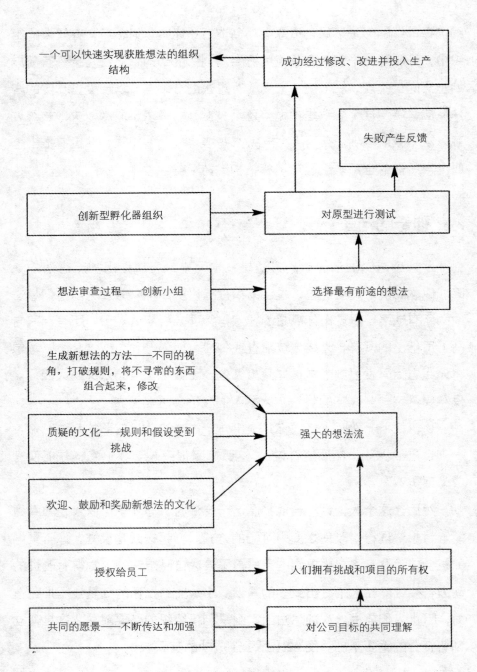

图 22.1　成功的基石

🦫 检查清单

下面是你使用水平领导者的原则将你的组织转变为创新引擎的摘要清单。

1．识别并传达变革的需求。

2．绘制目标。使所有员工都对目标看起来是什么样的具有共同的愿景。在所有沟通中强化这一愿景。

3．授权给员工，让他们自己找到实现愿景的方式。为他们提供信息、动力，以及以个人和团体形式去做的自由。

4．规划好变革，并为此做好准备。

5．尽管日常工作会分散注意力，但仍专注于目标。

6．使用创新方法和练习来提高员工的技能。

7．检查你在任何情况下的假设。测试有什么边界和不成文的规则在限制你。

8．问探究性的问题以了解问题的根本。营造质疑的氛围，使得人人都可以质疑每个商业规则和假设。

9．有意采取不同的观点。强迫自己从新的方向处理问题。

10．将不寻常的东西结合起来。尝试拼凑疯狂的混合物，以创造新的产品、服务或概念。

11．寻找其他行业或领域的可以修改并用于你的业务的想法。

12．改变游戏规则，以包抄你的竞争对手。

13．在选择前进方向之前生成很多想法。一个好主意是不够的——你需要很多才能选出最好的。

14．以小的方式测试想法。创建原型。观察客户的反应。修改和改进。

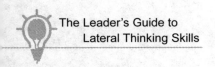
15．欢迎失败是成功的敲门砖。确保员工知道他们不会因努力却没有成功而受到惩罚。

16．使用团队。向员工抛出一个挑战并鼓励他们产生创新的想法，然后交付解决方案。

17．为创新设定目标和指标。根据个别项目和整个组织的目标度量进展情况。

18．在较大的组织中，有独立的"创新孵化器"，由有权威的人领导。将最好的员工组合起来，奖励他们当创业家。把所有的想法收集在一个意见登记册上，发布在外联网上，分类、分析并反馈给贡献者。

19．建立一个门控流程来评估原型，这样原型必须清除障碍才能生存并获得更多的资金。

水平领导力行动

水平领导力就是要鼓舞和激励团队，从而使组织变得更敏捷、对变化响应更敏锐、更有创新性。从一个共同的愿景开始，通过有效的沟通来推进，最后的结果是富有创造性和创业精神的员工。然而，团队需要的不仅仅是劝勉和使命宣言。创造性的原则、水平思考方法和有针对性的培训，这些都是使组织转型为创新型组织所需要的。

这是一条漫长的道路，人们的技能必须得到发展，信心必须得到鼓励。在每个阶段，水平领导者必须通过自身的行动表明他们是有创造力的，他们欢迎创造力，他们专注于实现目标。这就是为什么他们会检查假设、提出问题、故意采取不同的观点、调整或合并想法并尝试新的举措。他们将逐渐塑造组织的文化，使之更具挑战精神和创业精神。他们将构建结构、制定政策和建立组织，使之能够采取新的视角，对想法进行分析、评估，然后选择最好的。将选定的想法在特殊部门创建原型并进行培育。最重要的是，水平领导者将表明他们相信自己的员工，并相信他们会冒险。如果想抓住机遇、创造性地思考、冒险创业并成为水平领导者，每个人都需要帮助。

23　水平领导力课程

"问题只是穿着工作服的机会。"

——亨利·凯撒（Henry Kaiser）

管理者或管理者团队如何获得水平领导者的特质和技能？有些人会自然而然地具有水平领导者的一些特质，而另一些人却发现他们很难获得。但是，如果你认同水平领导风格的好处，那么你就有可能改变自己的行动和行为，成为更好的水平领导者。建议的初步行动是为期两天的脱产工作坊——水平领导力课程。课程也可以一天完成，但往往会比较赶。有些团队需要三天时间，特别是如果愿景、目标和战略方向还没有达成一致而必须在课程期间敲定的时候。本次工作坊的目标是：

1．就愿景、目标和战略方向达成一致（如果尚未完成的话）。

2．为变革和水平领导力制定了共同的议程。

3．设定创意目标和标准。

4．培养提问、质疑假设、创造性地解决问题、产生想法、对想法进行分析和评估的技巧。

5．同意在整个组织内实施水平领导力项目的行动计划。

6．享受其中的乐趣并且培养团队合作精神。

参与者

理想情况下，第一批参加该课程的人员是首席执行官及其高级团队——可能总共 6~8 人。该课程之后应该有针对高级管理人员的其他课程，以便他们持有新的共同的愿景、目标和行为模式。参与者在参加之前要认同课程的目标和理念，这是很重要的。他们需要保持一种接受改变并愿意获得新技能的态度。在课程中显然不应该分心，所以最好在办公地点之外举行。让高级管理人员抛开他们的日常工作和手机是一个艰难的挑战。如果没有解决这个挑战，那么整个过程就会受到损害，因为他们会花很多时间谈论当前的问题、紧急情况，花很多时间阅读电子邮件或者和办公室里的人交谈。因此，第一步要对培训应取得哪些成果达

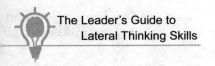

成共识，并且要理解培训的重要性。

除了参与者之外，还有一个引导者，他理解公司的文化和性质。引导者将：

- 领导小组进入各个阶段。
- 鼓励他们充分参与。
- 指导他们度过困难的部分。
- 激励他们相信自己的创造潜力。
- 挑战他们实现超出自己想象的可能。
- 教给他们水平领导力。
- 提高他们的创造力和领导力。

第一阶段：引入

人们应该彼此了解。要对课程有共同的期望，提出并讨论议程。这时可以用某种形式的破冰，让人放松、开放。

第二阶段：从头脑风暴来开始流程

一旦参与者的能量水平提高了，接下来就要让这股创新潮流淌了。头脑风暴是开始这个过程的好方法。附录 A 中的练习 A、B、C、D 和 E 是适合工作坊现阶段使用的优秀工具。在这个阶段花 60~90 分钟的时间将得到回报，因为参与者将学习头脑风暴的新技能，包括使用随机词、重述问题和逆转问题等头脑风暴的变体。他们可以在工作坊的后期阶段使用这些技能。要解决的问题应该是在整个组织普遍存在的而不是特殊的。可以用于练习的典型主题是：

- 我们如何让每个人都使用公共交通？

- 我们如何赢得下一届奥运会的所有金牌？
- 我们如何让每个人都多锻炼身体？
- 我们如何说服年轻人不要吸烟？
- 你如何让自己在当地的花店销售额翻番？

引导者鼓励所有的参与者做出贡献，并严格执行早期不对想法进行判断或批评的规则。

第三阶段：愿景及其组成部分

愿景可能已经被理解和认同；如果是的话，这个阶段可以跳过。如果不是，工作坊的一个关键部分就是定义它。设定愿景的方法和方式有很多，实际上单就这个主题都可以写一本书或开一个工作坊了。引导者引导讨论，用创造性的技术来定义愿景。我们首选的方法是首先考察支撑愿景的四个要素：

- 宗旨；
- 使命；
- 文化；
- 一套价值观。

宗旨是组织存在的根本原因。为了确定这点，你需要从最基本的层面来问："我们为什么存在，我们做了什么？"可口可乐的宗旨是：

> "可口可乐公司的存在是为了让每位利益相关者受益和得到营养。"

使命是公司目标的前瞻性表达。它应该具有启发性和挑战性，而不是过于规范。因此，可口可乐的使命是：

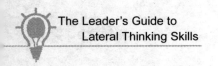

"当我们为利益相关者带来营养、价值、喜悦和乐趣时，我们成功地培育和保护我们的品牌，特别是可口可乐。这是履行我们始终为企业所有人提供具有吸引力的回报的最终义务的关键。"

福特的使命陈述是：

"我们是一个拥有自豪感的全球化家庭，致力于为世界各地的人们提供个人移动性。我们预见消费者的需求，并提供优质的产品和服务，改善人们的生活。"

这符合他们的愿景，即：

"成为世界领先的汽车产品和服务消费公司。"

微软的使命是：

"让世界各地的人们和企业充分发挥潜力。"

使命应该简单明了，对员工和客户有意义。企业文化表达了组织运作的风格和方式。所以文化宣言一般会宣传给员工授权、发展和挑战等，经常会使用如创新、激情、活力、动态、以客户为中心、学习、权力下放等词。遗憾的是，企业文化宣言往往与组织中的现实有些距离。价值观应该是对组织真正代表什么、信仰什么和追求什么的总结。

愿景应是一个简短的、包含文化本质、价值观、宗旨和使命的简洁陈述。这四个组成部分支撑着愿景，但愿景不能简单地将之前的所有陈述合并起来，或者变得繁冗而不切实际。愿景陈述的简洁有很大的好处。

微软的愿景是：

"通过优秀的软件赋予人们力量——随时、随地、在任何设备上。"

如果时间允许，小组应该使用创造性的提问方法和技巧，如六项思考帽（博诺，1985）来分析和评估不同的选项，审视愿景的四个组成部分。最后，应该就愿景陈述本身进行讨论然后达成共识。也可以从愿景开始，然后分析四个组成部分。无论哪种方式，重要的是要在一个简洁、具有强烈目的和方向的陈述上达成共识。这将成为后续战略和变革目标的平台。

宜家的愿景如图 23.1 所示。

图 23.1　宜家的愿景

（资料来源：http://www.ikea.com/ms/zh_CN/this-is-ikea/about-the-ikea-group/index.html）

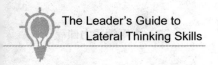

特斯拉的愿景如图 23.1 所示。

图 23.2　特斯拉的愿景

（资料来源：https://www.tesla.cn/about）

🔀 第四阶段：创造力练习

将创造性练习点缀在特定的面向业务的活动当中，是一个好主意。这种变化有助于刺激大脑，从练习中学到的经验教训可以立即用于商业任务。所以第四阶段包括创造力练习。引导者将从附录 A 中选择以下一项或两项练习—— 选择取决于小组的时间安排和适用性。

练习 F——打破规则。

练习 G——最糟糕的解决方案。

运动 H——想法卡片。

练习 I——找物品。

第五阶段：战略与目标

一旦愿景获得肯定，引导者将带领小组审查战略目标。这个阶段非常重要，团队将抛开关于业务及业务如何运作的所有假设，侧重考虑不同的愿景实现方式。有很多方法来应对这个挑战。我们推荐的方法要经过以下几个阶段。

过去、现在和未来

团队分析三年前、现在和三年后的行业或市场是什么样的。这涵盖了技术、市场路线、关键客户需求和重点、竞争特点、定价和产品等主题。如果你将参数列在边上，并且列出三个时间范围，即可构建出影响行业的趋势图。在这个练习中，你要尝试将市场视为视频而不是快照。

SWOT 分析

团队分析组织面临的优势、劣势、机遇和威胁。对大多数商务人士来说这应该是一个熟悉的练习。这是对公司在市场中地位的严格审查。参与者对组织的优势和劣势的评估通常是准确的，但他们在机会和威胁方面的考虑并不全面。威胁是任何可能损害组织的市场地位或抢走客户的东西。例如，因特网上的视频会议对航空公司来说是一个威胁，因为人们可能更喜欢与远程客户进行视频会议，而不愿意飞去见他们。与机遇类似，谁会想到维珍集团有机会进入火车行业或可乐饮料行业？引导者应该运用创造性的技巧来延伸参与者的想象力，并鼓励他们去超越自己的想法边界。

PEST 分析

如果合适，团队可以分析未来五年可能影响业务的政治、经济、社

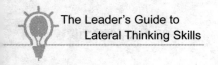

会和技术因素。提出的问题包括：

- 如果石油价格翻倍，将会怎样？
- 如果我们的主要海外市场出现变革，将会怎样？
- 如果政府和政策发生了变化，将会怎样？
- 影响我们客户的人口变化是什么？
- 可能威胁或改变我们产品使用的技术是什么？
- 如果时尚发生根本性的变化，将会怎样？
- 如果利率变为现在的两倍或三倍，将会怎样？

情景规划

SWOT 分析和 PEST 分析直接导致情景规划，情景规划绘制了两到三种截然不同的情景，水平领导力课程团队应对它们的策略进行头脑风暴。通常情况下，第一种情况是一个非常困难的情景，如经济状况恶化、竞争加剧和价格下滑。第二种情况可能是比较温和的市场条件。第三种情况可能是组织运营环境的根本转变，采用新技术和新途径接触客户。

对每种情况都进行头脑风暴，寻求在每种情况下最大限度地提高组织的表现。通过考察业务的不同可能性，参与者可以制定一系列新的想法和策略供考虑。

组织战略与目标

从前面的练习中，团队现在可以把达成共识的组织战略和目标集中在一起。这些战略和目标应该大胆、有挑战性，但又切合现实。它们将包括市场、客户、运营和人员的财务目标，应该花时间将这些战略目标分解为部门目标。

创新标准

应该定义的目标之一是创新目标列表。创新目标应该支持战略目标并确定具体的标准，例如：

- 新产品的数量。
- 现有市场新产品的收入。
- 来自新市场或企业的收入。
- 新的战略伙伴关系的数量。
- 新工艺或程序将实施的领域。
- 进入选择漏斗的原型数量的目标。
- 工作人员想法数量的目标。
- 从想法的批准到新产品审批、发布需要多长时间？

第六阶段：提问练习

提问练习用于培养参与者提问和检查假设的技巧。附录 A 推荐的练习是：

练习 N—— 水平思考问题。

练习 R——远程建筑师。

在团队回到业务特定问题之前，花一小时在提问技巧上是很好的投资。

第七阶段：沟通计划

愿景及其组成部分和战略计划的沟通非常重要，因此值得将这个主题安排为工作坊的一部分。以下是应该考虑的问题：

- 我们如何与内部听众沟通愿景、使命、文化、价值观和宗旨？

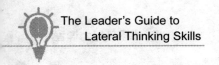
- 我们应该优先考虑哪些信息？

- 我们怎样才能把这个愿景传达给外部的观众？

- 我们如何吸引员工关注愿景？

- 我们如何根据战略目标制定部门目标和个人目标？

- 我们如何传达对创造力、创新、理念和创业精神的需求？

- 我们可以采取什么样的机制、培训或流程，从全体员工那里获得想法？

这里可以使用的练习包括头脑风暴、打破规则、明喻和随机词。这应该导致一系列改善沟通的行动，从普通的到真正激进的。

第八阶段：人事问题与授权

工作坊的这部分讨论人员配置、授权和人力资源政策方面的问题。解决的问题类型包括：

- 我们希望员工成为什么样的人才？

- 我们如何招募有创造力和创业精神的人？

- 我们的员工是否真正得到了授权？如果没有，我们可以做些什么来授权给他们？

- 人们需要什么培训和发展机会来实现我们的共同抱负？

- 我们如何启发和激励我们的员工做非凡的事情？

为了探讨这些话题，引导者使用头脑风暴、传递包裹、连续整合、打破规则和六个仆人等练习。这个阶段的结果应该是关于提高员工积极性、培训和授权的一系列想法、行动和建议。

第九阶段：竞争力和产品工作坊

如果前几个阶段已经进行了很长时间，参与者开始感到疲劳，最好直接进入总结和行动清单。但是，如果时间允许，参与者的能量水平仍然很高，本阶段可以包含在内。一个很好的练习是"理想的竞争对手"（附录 A 的练习 O）。分成两个团队，各自构想一个理想的竞争对手以激进的手段在市场上占据领导地位。每个团队都介绍结果，然后进行热烈的讨论。引导者问问题："如果竞争对手能做这些激进的事情，为什么我们不能？"

另一个很好的练习是"掷骰子"（附录 A 的练习 K），这个练习强制对产品和市场进行具有原创性的组合。它让团队思考如何销售他们通常不会考虑的产品。

第十阶段：创新过程和门控计划

水平领导力鼓励人们更有创造性、创新性和创业精神。作为工作坊的一部分，创新小组审查了组织中现有的流程，以鼓励和实施创新。我们在早期阶段定义的创新目标和标准，在这里是重要的输入。创新小组要特别考虑：

- 我们如何启动想法流程？
- 我们如何组合、采用或修改想法？
- 我们需要来自组织外部哪些领域的输入？
- 我们将如何选择想法来创建原型？
- 我们将使用什么门控过程来筛选原型？
- 我们将如何将成功的原型推广到全面生产？

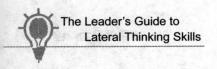

- 我们将如何开发创新的业务流程和程序？
- 我们将如何确保创新伙伴关系的流动？

可以用像头脑风暴、打破规则、通往理想的路径等练习。结果应该是一个系统的过程，以确保创新发生在整个公司、各个部门，从想法的产生到完成创新。

第十一阶段：总结和行动清单

最后一天结束时是整理工作坊中已经达成的共识。引导者一直在幕后工作，记录下所有的想法，并注释哪些被认为是最有希望的。引导者现在帮助团队将以下内容集中在一起：

- 达成共识的愿景、使命、文化和价值观。
- 战略目标和创新目标以及度量标准。
- "不需要动脑筋的事情"的列表——很容易实施、众人一致同意是有益的而且可以立即实施的事。
- 很有前景但需要进一步开发的想法清单。这些应该授权给个人进行调研和进一步开发。
- 古怪但可能很好的想法应该保留一段时间，以后再重新考虑。
- 明确的创新流程。
- 来自工作坊的反馈，以便团队和引导者可以看到什么行之有效，什么无效，供将来参考。

第十二阶段：跟进会议

两三个星期之后，应该再进行一次跟进审查，由工作组审查工作坊的总结和行动清单。所有"不需要动脑筋的事情"应该已经到位。要审查它们的影响。可以评估对愿景的早期反馈。应该对一些有前途的想法进行报告。可以对这些想法进行审查然后做决定。创新过程应该到位，以供使用。古怪的想法清单可以纳入创新过程。高级团队成员应不定期参加创新工作坊，以表明其意愿和过程的重要性。

在跟进会议上，还应该对组织水平领导力是否真正取得进展进行诚实的审查。改变企业文化是一个漫长而艰苦的过程，会遭遇很多挫折，所以，重要的是要把工作坊作为一个漫长旅程的早期阶段。各级员工都需要培训。新工艺需要开发、改进和发挥作用。高级团队需要不断审视和更新对创新的承诺。组织需要激励各级员工不断追求创造力、改进和自我更新。

附录 A　工具与方法

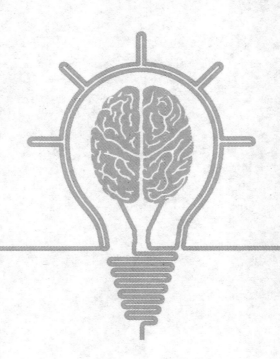

🔁 A 头脑风暴

商业中最受欢迎的团体创造力练习是头脑风暴。它快速、简单、有效。头脑风暴有一些变种和增强，使其更强大。但是，许多组织对头脑风暴感到沮丧并停止使用它，认为头脑风暴老式，不太有效。令人沮丧的真正原因是头脑风暴不能有效发挥作用。以下是确保头脑风暴有效发挥作用的一些简单原则。

设定明确的目标

头脑风暴的目的是产生许多创造性的想法来完成一个特定的目标。最好把目标表达为一个问题。一个模糊或笼统的问题是没有帮助的。"我们如何提高销量"不如"未来 12 个月内我们怎样才能使销量翻倍"。但是，问题的参数不应该太详细，否则可能会关闭水平思考的可能性。"我们如何通过现有的渠道和现有的产品来提高销量"可能太受限制了。

确定想法的数量和时间是值得设定的目标。"我们正努力在未来 20 分钟内产生 60 个想法，然后把想法减到四五个，挑选出真正好的。"头脑风暴的时间不应该太长——一般 30~45 分钟是最好的。团体的最佳规模是 6~12 人。人数太少，不会产生足够多样的输入。人数太多，则会议难以控制，难以获得每个人的承诺。

暂停判断

为了鼓励一些古怪的想法，至关重要的是没有人对某个想法持挑剔、否定或评判的态度。必须写下任何想法——不管多么愚蠢。在想法生成阶段暂停判断的规则非常重要，值得严格执行。

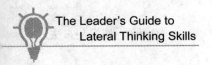

数量是好的

越多的想法越好。头脑风暴是生活中数量提高质量的少数活动之一。把它想成达尔文的生物进化过程。产生的想法越多，有些想法得以生存的可能性就越大。你需要大量的能量和兴奋度才能提出许多古怪的想法。疯狂的想法是完全不可行的，但它们往往是其他想法的跳板，可以修改为新的解决方案。所以让疯狂的想法不断产生——你必须亲吻很多只青蛙才能找到一位王子！

编号和展示

给每个想法编号。这使交叉引用想法和设定目标更容易。"我们已经提出了 65 个想法—— 让我们看看能否达到 80 个？"每个想法都应该描述成一个简短的行动陈述。所有参与者必须清楚地看到这些想法。活动挂图就适用于此目的。当每个页面都写满了以后，将其张贴在房间的墙上，以便可以看到所有的想法。当要分析这些想法时，所有那些相关联的想法都可以用相同的颜色圈起来。

分析和选择

头脑风暴会议的最后一步是分析这些想法。最好的方法之一是快速将它们过一遍并进行分类。将想法分为：① 有希望的；② 有趣的；③ 拒绝。例如，你可以快速将每个想法标记为两个钩、一个钩，并划掉拒绝的想法。这是一个由引导者领导的小组活动，通常对于大部分想法如何处理都有很好的共识。任何有争议的想法都可以先画一个钩。如果时间允许的话，对这些想法进行分类和收集是一个好主意。如果时间短暂，不要担心。有些人觉得最好将这些想法放一段时间，然后在潜意识有机会仔细考虑它们的时候再回来看它们。无论哪种方式，在一张单独的活动挂图页上写下①类和②类中所有关于市场营销的想法，并在另一张活动挂图上写下所有关于销售的想法，等等。这个重新排列想法的过程可以帮助你看到新的组合和可能性。你可能发现，可以通过把①类和②类组合成一个真正成功的想法来合成想法。对于进一步的详细分析，可以使用像"六项思考帽"的方法。

选择最佳想法的另一种方法是给每个人 10 分，他们可以用自己希望的方式分配给他们最喜欢的想法。他们可以给 10 个独立的想法每个 1 分，或者给单独一个想法全部的 10 分。然后将总分加起来。

B 随机词

一个随机的词语、图像或物品，作为头脑风暴的刺激，可以创造奇迹。只要拿起字典，随机选择一个名词，然后强制人们解决这个词与问题之间的关系问题。你会发现，各种各样的新关联会涌入脑海中。假设问题是如何让更多的人使用公交车。字典中的随机单词是——鲨鱼。它触发的一些想法包括：

- 举行抽奖，奖品是免费前往水族馆参观，但要用公交车票作为入场券。
- 给公交车乘客提供优惠贷款［没有高利率（loan shark rates）］。
- 冬天在公交车上提供热汤（鱼翅汤可能是一种）。
- 在公交车上播放音乐，使旅途更加愉快［受《西区故事》（*West Side Story*）中的鲨鱼和喷气机的启发］。

为什么随机词能有效？它迫使大脑从一个新的起点开始，从一个新的方向来解决问题。大脑是一个懒惰的器官；它会自动转入熟悉的模式，并以一贯的方式解决问题，除非你推它一下，让它从一个新的点开始。

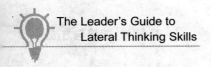

C 重述问题

在尝试提出解决方案之前，用许多不同的方式重述问题。用不同的眼光来看待问题通常会让你马上得出有见解的解决方案。将问题写在小组的面前。然后，每个人都必须写下对这个问题的不同陈述，而且不用最初的陈述中用过的任何词语。所以，"我们怎样才能增加销量"可以表达为"什么样的行为可以带来更多的收入"或者"为什么公司不能从顾客那里得到更多的钱"。每个人都重写了这个问题，这些不同的视角可以作为头脑风暴会议的触发器。

D 明喻

一个颇有成效的方法就是让每个人在自己的纸上写下"我们的问题就像……"，然后完成这个句子。两者的相似之处不一定是准确的——是感觉而不是精确的类比，但每个都可以作为触发器。例如，问题是"我们如何增加客户订单价值"，用"我们的问题就像……"来回答，你可能会得到如下回答：

"……让孩子吃饭。"

"……在超市里装满购物车。"

"……往山上滑雪。"

"……让我们的足球队进更多的球。"

"……每天都做得更多。"

"……从我们的苹果树上得到更多的苹果。"

这些类比中的每个都吸取了不同的个人经验，每个都可以作为头脑风暴的有效起点。

⧉ E 反转问题

反过来陈述问题，然后进行头脑风暴。假设问题是"我们如何减少客户的投诉"，然后重述为"如何增加客户投诉"。最初，头脑风暴出来的想法显然是对客户不友好的想法，但当继续时，你可能会确定已经在组织中发生的事情。一旦列出一长串可以增加客户投诉的事情时，你再将所有这些过一遍，看看如何能够将它们反过来，以减少投诉。

⧉ F 打破规则

列出适用于你的组织或业务环境的所有基本规则，然后刻意打破这些规则。你用打破的规则作为新想法的跳板。例如，你正在寻找方法来提高电话营销部门的效率。以下是你可能列出的适用于当前业务的一些规则：

1. 我们使用电话。

2. 我们在上午 9 点到中午 12 点及下午 2 点和 5 点之间打电话。

3. 我们总是彬彬有礼、专业。

4. 我们使用经过精心编好的剧本来传递正确的信息。

5. 我们对我们的代理人所产生的销售数量进行奖励。

6. 我们用确认函和信息包来跟进每个预约。

现在我们要打破规则了：

1. 我们会用其他的方式联系客户，而不是电话。

2. 我们会在正常工作时间以外——如清晨、午餐时间或晚

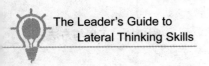
上——来联系客户。

3. 我们将显得粗鲁、不专业。

4. 我们会让我们的代理人随心所欲地说出他们想说的话。

5. 我们将对我们的代理人所产生的每次销售进行惩罚。

6. 我们不会通过邮寄发出确认。

这些想法如何帮助我们使部门更有效？第 1 至第 3 项可能表明，我们找到创造性的方式在我们的目标客户刚上班或下班时联系他们。电话营销团队可以打扮成小丑，在坐火车通勤的上班族下车时用带有幽默感和侮辱性、会招致回应的消息去接触到他们。第 4 项可能促使我们思考如何使我们的信息更有趣、不那么机械化。罚款的想法可能促使我们对潜在客户强调成本和不回应的处罚。最后，第 6 项可能导致这样的想法：通过在特定网站确认预约，或者将一个包着好看的挂历的包裹亲手交给客户，挂历突出显示了我们的预约日期和时间。

G 最糟糕的解决方案

反转问题的一个变种是试图设想最初问题的最糟糕的解决方案。头脑风暴继续正常进行，但每个人都在试图想出糟糕的、肯定行不通的或者会使问题变得更糟的想法。这可能在团队中产生很多幽默的能量，因为他们把一个坏主意堆在另一个之上。但是，当这些糟糕的想法随后被分析时，其中一些可以被颠倒，以产生代表该问题的新颖解决方案的好想法。

H 想法卡片

陈述问题，然后每个小组成员必须拿两张卡片，在每张卡片上写下一个想法，每个想法不超过四五个词语。然后洗牌，并分发给每个人两张卡片。理想情况下，应该让他们不能拿回自己的卡片，而且他们拿到的两张卡片来自不同的人。所有成员都必须把他们面前的两个想法结合起来，形成一个新的想法，一旦完成了这个练习，再试一次，但这次成员会得到三张卡片，每张卡片只写一个字。然后洗牌，每个人都得到三张卡片来构建一个新想法。

I 找物品

布莱恩·克莱格（Brian Clegg）和保罗·伯奇（Paul Birch）在《即时创造力》中推荐了一种称为"发现物品"的方法（Instant Creativity）。在会议的自然休息时间（如午餐或茶歇），告诉每个人在休息之后带回随机的物品，但不告诉他们为什么。当他们在休息之后带着物品回来时，他们每人都会面临两个挑战。他们不得不站出来表达自己的情感：为什么他们的物品是非常有趣的，它将如何帮助解决陈述的问题。由于物品往往是随机的，像纸夹或吹风机等常见的物品，所以充满激情地说话的挑战往往是有趣的。但是，随着人们的倾听，他们也面临着强迫物品与问题之间产生联系的挑战，并因此提出新的想法。这个练习可以增加幽默、活力和新的解决方案。

J 传递包裹

传递包裹适用于最少 4 人、最多 8 人的小组。它迫使人们从新的方向来解决问题，并进行创造性的思考。它是这样的。每个人拿一张白纸，把挑战写在最上面。然后，静静地独自思考，每个人都会为这个问题写出一个完全疯狂的、怪异的和不可能的解决方案。在这个阶段不允许有

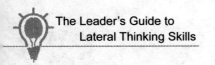

合理的想法；想法必须是荒谬的。所有参与者都把他们的纸张交给他们左边的人，现在每个人都必须把他们的想法当成跳板来产生另一个疯狂的想法。它可以基于第一个或者别的想法，但应该由第一个想法触发。然后，再将纸张默默地传给左边的人。所有参与者现在面前都有一张纸，纸上有两个疯狂的想法。他们不得不用这些来构建一个奇怪而可行的想法——这个想法是离谱的，但是如果给予足够的资源是可行的。现在参与者不得不用他们之前的三个想法作为触发器来构建一个新颖而又可行的想法，他们可以向同行提议。所有的人都会读出他们纸上的四个想法——通常会引发笑声。然后，小组分析最终的所有想法，并选择一两个或综合一些想法提出一个建议。例如，挑战是"镇上的花店销量怎么能翻番"，下面是按顺序写在一张纸上的四个想法：

1．让汤姆·克鲁斯（Tom Cruise）亲自将每一束花送给女士。

2．让汤姆·克鲁斯和泰勒·斯威夫特（Taylor Swift）送花，并在门口唱二重唱。

3．每买一束花，就赠送浪漫的百老汇音乐剧 。

4．与唱片公司合作，以有吸引力的促销价格销售浪漫情歌 CD 和花束。

这个练习很好玩，经常会产生有想象力的想法。它需要个人默默的行动，然后是群体欢笑和讨论。因此，它让一直需要整个团队参与的练习发生了很好的变化。

K 掷骰子

掷骰子适合 4~10 人的团队，擅长为新产品或服务强制寻找不寻常的组合。在单独的房间里分成两个竞争团队最好。需要的所有设备就是活动挂图和骰子。

选择挑战的三四个特征，并为每个特征定义六个选项。例如，假设你想办一本新的刊物。你可以使用表 A1.1 中显示的参数。然后掷骰子四次。假设结果是 4、4、2 和 6。小组必须设计一个针对计算机爱好者的电视节目计划，用直接邮件推广，由快餐连锁机构赞助或与之合作。他们花 10 分钟将他们的计划放在一起，并提交给另一个团队和引导者。最初看起来很不吸引人的组合，被塑造成有趣的商业提案，这会让人印象相当深刻。

表 A1.1

	目　标	媒　体	促　销	合作伙伴
1	母亲	报纸	电台广告	当地学校
2	骑自行车的人	杂志	直邮邮件	当地学校
3	垂钓爱好者	网站	电子邮件促销	大的电视台
4	计算机天才	电视节目	公告板广告	足球俱乐部
5	退休的有钱人	电子邮件	打电话	唱片公司
6	外国游客	订阅邮件	短信	快餐连锁店

L 连续整合

连续整合是法兰克福的贝特利研究所（Batelle Institute）提出的一种方法。陈述问题，然后小组的每个成员都默默地写下一个关于这个问题的想法。两个小组成员宣读他们的想法。其他人则把这两个想法合并为一个。第三个人读出他的想法时，小组要找到一种方法把这个新想法与用前两个想法形成的想法结合起来。然后继续。小组试图将每个新的想法整合到一个综合的解决方案中。这个方法是系统的，对每个想法都进行探索，强制进行新的组合。

🔁 M 通往理想的路径

摆三张活动挂图。首先，在第一张活动挂图上说明目前的状况和缺点、问题和困难。在第三张活动挂图上写下你想达到的理想状态：所有问题都解决了，并且组织表现出色（或者你定义的理想）。然后在中间的活动挂图顶部写上"路径"。你必须定义你从现在的位置到达理想状态所需要采取的步骤。这不像其他一些练习那样具有创造性，并且不可能产生疯狂的和创新的想法，但是对定义问题肯定有帮助，并且这条路径上的每个步骤都可以成为你创造性地解决问题的方法。

🔁 N 水平思考问题

这些是能提高质疑和想象技能的难题。团队必须为一种奇怪的情况找到答案。这些难题适合 5~10 人的团队。可以让不同的团队竞争，只要用相同的问题并且引导者应用相同的规则。

引导者读出这个问题。人们开始问问题。引导者（知道答案）只能用"是""否"或"无关"来回答每个问题。参与者知道他们需要提出许多问题，当他们陷入困境时，他们必须从新的方向来解决问题。30 分钟后，解决了最多难题的团队获胜。

问题："有一个女人死了，因为她买了一双新鞋。为什么会这样？"这显然可以有很多种不同的解释，但只有通过详尽的提问和尝试新的方法才能找到答案。她是马戏团蒙眼掷刀手的助手。她新买的鞋跟比原来的更高，这导致了致命的结果。

人们通常慢慢开始，然后加快思考，这是一种不同的创造性练习。许多线索都要探索，然后将范围缩小到一个线索。参与者努力寻找给定的解决方案，而不是有创造性的解决方案。这样的问题能够很好地训练质疑、想象力和从不同方向解决问题。

O 理想的竞争对手

这对于有两个或更多个团队、每个团队有 4~6 人的情况来说是个好的练习。这个练习很简单。想象一下，一家非常有实力的公司决定进入你组织的业务市场，使用创新的方法来吸引你当前组织的客户，并将你的组织挤出市场。它会故意利用你组织的弱点在市场上计划伤害你的组织。公司决定由你的团队负责反击新的竞争对手，给你非常多的资源。你会怎么做？

每个团队都必须就创造性地接触客户、提供更好的服务、抢占领先的市场份额进行头脑风暴。团队提出他们的想法，然后引导者决定哪个团队赢。重点在于创造性的想法，而不是价格上的削减或者促销活动。很显然，很多想法是在真正的"理想的竞争对手"出现之前组织就应该紧急调查的。

P 如果……会怎么样

在做"如果……会怎么样"练习时，对问题的每个维度都用"如果……会怎么样"的问题来进行测试。问题越荒谬越好。假设问题是"为了减少拥堵情况，我们如何说服人们少用私家车，多用公共交通"，那么我们可能会问的"如果……会怎么样"的问题包括：

- 如果拥堵比现在严重 10 倍，会怎么样？
- 如果没有人被允许开私家车，会怎么样？
- 如果公共交通是免费的，会怎么样？

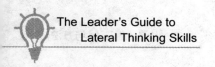
- 如果公共交通上门接你，然后把你送到你的目的地，会怎么样？

- 如果人们可以飞行，会怎么样？

- 如果我们阻止了所有的道路交通事故和伤亡，会怎么样？

- 如果最高时速限制是每小时 10 英里，会怎么样？

- 如果最高时速限制是每小时 1 000 英里，会怎么样？

- 如果有最低限速，会怎么样？

- 如果这个问题适用于航空运输，天上堵满了私人飞机，会怎么样？

- 如果拥有一辆汽车每年花费 100 万美元，会怎么样？

- 如果我们拥有无限的资金，使公共交通更具吸引力，会怎么样？

- 如果这个问题适用于古罗马的战车，会怎么样？

- 如果强迫人们住在离工作地点五英里以内的地方，会怎么样？

- 如果我们把道路的数量或宽度翻一番，会怎么样？

每个问题都能促使一些想法的产生，并对假定适用于问题的规则和边界进行测试。

Q 六个仆人

这个练习从 12 个视角来考察一个问题，这个观点是基于鲁德亚德·吉卜林（Rudyard Kipling）的诗歌里的话来说的：

> "我拥有六个忠实的仆人
> 他们教我我所知道的一切
> 他们的名字是什么、为什么、什么时候
> 以及如何、在哪里和谁。"

我们使用这些疑问词从正反两面来探索问题。问题被定义为一个问句，然后在房间周围安排 12 张活动挂图纸。每张纸上都写上 12 个问题中的一个作为标题，然后团队提出这个问题的答案。假设问题是"我们如何改善零售中心的客户服务"，问题可以构建如下：

1．什么是好的客户服务？

2．什么是不好的客户服务？　（或者什么是差的客户服务？）

3．为什么我们得到好的客户服务？

4．为什么我们得到差的客户服务？

5．什么时候有好的客户服务？

6．什么时候有差的客户服务？

7．我们如何获得好的客户服务？

8．我们如何得到差的客户服务？

9．哪里有好的客户服务？

10．哪里有差的客户服务？

11．谁提供好的客户服务？

12．谁提供差的客户服务？

通过反复提出"好的服务、差的服务"的问题，迫使人们提出新的答案和输入，从而全面地了解问题和基本的因素。对纸上的这些想法进行分析和总结，提出解决这个问题的可能建议。

R 远程建筑师

这是一个提高提问技巧的好练习。参与者结成对。给每对中的一个人关于一张房子的照片（见图 A1.1 和图 A1.2，可用于这个练习）。每对中的第二个人看不到照片，必须提出有关房子的问题，并根据问题的答案画出房子的图。

图 A1.1

（资料来源：Monika Schroder, Pixabay）

图 A1.2

（资料来源：Dani Myrick, Pixabay）

响应者必须准确地回答所提问题，而不能自愿地提供信息，也不应该评论照片中的图。提问和画图进行五分钟之后，将画出来的图与照片进行比较。接着双方谈谈沟通的过程。然后双方交换角色，并用不同的房子照片重复这个练习。

在正常的游戏中，提问者可以问开放式问题（例如，"如何描述屋顶？"），也可以问封闭式问题（例如，"门是否在正面的中间？"）。可以改变游戏规则，比如提问者只能问两个开放式问题，其余问题必须是封闭式的，或者提问者只能问封闭式问题。

这个游戏是一个巧妙的练习。它教给参与者问正确的问题和检查假设的重要性。它表明了先问开放式问题以获得总体印象再问封闭式问题以确定确切细节的重要性。

S 六顶思考帽

思考帽是爱德华·德博诺提出的一个极好的对想法进行分析的工具。它可以用于许多情况下，从议会会议到陪审团。这对于评估创新和挑衅的想法特别有用。

博诺指出，我们大多数人的思维都是对抗性的。你提出一个想法，我批评它，以测试这个想法的力量。在法庭上的起诉和辩护，或者议会中的政府和反对党，都是对抗思维的好例子。问题在于，商业会议中的对抗思维可能是巩固和政治化。例如，销售经理反对一个想法，因为它是营销经理提出的。然后双方进一步加强他们的立场。另外，人们可能会被禁止批评老板提出的想法。

六顶思考帽，通过强迫大家并行思考，克服了这些困难。当每人都戴着一项帽子时，他们必须同时以一种特定的方式去思考。六顶思考帽的工作原理是这样的。先读出想法，然后每个人依次戴上以下帽子。

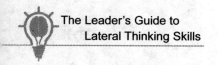
1．白帽子。这是信息帽，人们可以要求更多的信息或数据来帮助分析想法。

2．红帽子。这顶帽子代表着情感。人们必须说出这个想法让他们在情感上感觉如何。例如，有些人可能会说，他们觉得受到这个想法的威胁或感到害怕。其他人可能会说他们感到兴奋。表达情感是很重要的，因为这可能是人们反对或支持想法的隐藏的理由。

3．黄帽子。这是乐观主义的帽子。每个人都必须说这个想法的好处。即使你认为这个想法很糟糕，你也必须找到一些好的点。

4．黑帽子。这是悲观主义的帽子。每个人都不得不认为这个想法是错误的。即使这是你的想法，你也为此感到自豪，但你必须指出一些缺点和劣势。

5．绿帽子。这是代表成长和可能的帽子。每个人都必须建议如何调整或改进这个想法，以使其更好地发挥作用。

6．蓝帽子。这是用来检查过程是否正常工作的过程帽。当你戴着它时，你要讨论你是否能以最有效的方式使用该方法。一般来说，花在蓝帽子上的时间比较少，而花在白帽子和红帽子上的时间多一点，但大部分时间花在黄帽子、黑帽子和绿帽子上。你可以从一项帽子到另一个帽子来回切换，但关键的规则是每个人都必须同时戴上同一顶帽子。最好有一位主持人拿着一张彩色卡片来显示现在要用哪顶帽子并确保每个人都戴上。如果会议主持人在黄帽子会议期间看到某人使用黑帽子思维，则他必须让这个人重新切换思维。

该方法运用简单，在快速、高效地分析想法方面效果显著。如果你想使用这种方法，强烈推荐博诺关于这个主题的书《六项思考帽》（*Six Thinking Hats*, 1985）。

🔄 T 快速地讲故事

在这个创造性练习中，团队成员轮流在一个故事中添加一行。这应该是按照既定的速度，并且不要对先前的添加进行批评或判断。这个故事可以朝着各种疯狂的方向发展。但每个贡献者都应该建立在以前的基础之上。

一个例子可能是这样开始的：

一个名叫特里的疯狂科学家深夜在他的实验室工作。突然窗户吹开了，一道闪电击中了桌子。

化学品和各种成分被炸得到处都是。

第二天早上，他的助手发现特里被烧伤并且昏迷在地。

他的头发变成了蓝色。

背景中有一种奇怪的呜呜声。

突然特里跳了起来。

"我终于知道答案了，"他大声说。

对于需要摆脱常规的商业思维过程、进入一个更具创造性和开放的模式的团队，这是一个很好的破冰。它很有趣，可以给工作坊提升活力。通常在讲完两三个故事之后，这个练习就能达到目的。

🔄 U 花 10 英镑

这是一个评估练习，用于当你已经产生了许多好的想法并希望快速地把重点放在最有前途的想法上的时候。团队中的每个成员都会得到一个名义上的 10 英镑（或 10 美元，或其他货币）来分配给他最喜欢的想

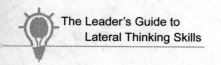

法。人们可以给 10 个想法中的每个 1 英镑，也可以把 10 英镑全部都给一个想法，或者处于这两种分配方式之间的一种。分配好之后，进行统计。获得最多钱的项目被挑选出来。

V 今晚有什么电视节目

在这个创造性练习中，先定义挑战或问题，再找一个电视指南，上面列有今晚的节目。然后通过电视节目中人物的眼睛来看待挑战，并对他们的反应或解决方案进行想象和讨论。假设挑战是"如何吸引更多的游客到一个画廊"，当晚的电视节目包括：

- 《权力的游戏》；
- 名人跳舞（严格说是《来跳舞》或《与明星共舞》）；
- 关于鲨鱼的野生动物节目；
- 对 Lady Gaga 的采访。

这个团队首先会讨论《权力的游戏》中的角色如何处理这样的挑战，并且进入不同角色。可能会有许多男子气概的、好战的和充满幻想的关于使艺术画廊更具吸引力的建议。然后，团队会想象舞蹈名星和法官如何以不同的风格处理这个问题。然后自然主义者甚至鲨鱼的观点就会被采用。最后，这个团队会试着想想 Lady Gaga 会怎样看待这个问题以及她可能提出的解决方案。目的是通过强迫团队采用不同类型的熟悉的电视节目的特点来探索不同的方法。严肃的和幽默的节目、肥皂剧和纪录片的混合，将帮助触发不同的想法和建议。

W Scamper

Scamper 是产生新产品想法的好方法。它最初是由营销传奇人物亚历克斯·奥斯本（Alex Osborn）设想的，头脑风暴的概念也是他提出的。这种方法从七个特定的视角来看待产品，并在每个关键时刻问相应的问题：

1．替代。我们可以替代产品中的任何东西吗？

2．结合。我们可以把产品与什么东西结合起来吗？

3．修改。我们如何为客户修改产品？

4．放大或缩小。我们如何放大产品或将其最小化？

5．用于其他用途。我们怎样才能把产品用于其他用途？

6．消除。我们如何消除产品的某些方面？

7．重新排列或反转。如果我们重新安排或反转产品或服务，会发生什么？

通过系统的方式提出这些问题，并在最初的答案中不加限制，我们可以将我们对产品的看法变为完全不同的可能性。

X 变形金刚

变形金刚是 Scamper 方法的一个变种。如果你希望改进或彻底改变流程，这是一个特别好的方法。把问题作为一个简单的流程来处理。然后从"变换动词"列表中随机抽取动词。以下是你可以使用的一些动词。

添加	帮助	加强	拉伸
忽视	集成	反转	淹没
扭曲	颠倒	旋转	替代
分割	放大	隔离	减去
消除	最小化	分离	符号化
提取	倍增	软化	调换

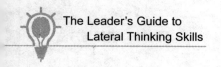

扁平化　　　保护　　　　挤压　　　　统一

冷冻　　　重新排列

假设你正在寻求改善销售鲜花的销售流程，并为你指定动词"重新排列"。然后你故意做出极端的重新排列。如果我们在客户预订之前就送花，会怎么样？我们可以提前几年接受每年一次的订单，如周年纪念日。如果我们重新安排花店，让客户可以打电话下订单，然后我们在火车站送货，怎么样？以非常激进的方式使用动词来扰乱和激发这个过程，这是非常重要的。

Y 个性

先陈述挑战，然后从一个名单中随机选择一个人。这个名单可以包括许多知名的、直率的或有争议的人。列出这个人的一些品质和个性，然后问这个问题："这个人会如何处理这个问题？"利用已知的人格特征，人们提出关于这个人会如何解决问题的方法。最好把他们的方法极端化。

这是另一种生成想法的方法，它可以使人们摆脱正常的攻击并允许他们从不同的视角来探索问题。

目的地创新（Destination Innovation）网站上列出了 60 种个性，但你也可以用其他角色，如果你觉得它们对你的团队更具挑战。

你可以看着钟表的分针，从 60 种个性的列表中随机选出一个，然后用秒针的读数作为这种个性的数字。

Z 想法卡片

将挑战写在一张纸的上方，然后放在房间的后面。在一段时间内——可能是工作坊或上班的一周中的一天——每个人都必须至少补充一点解决这个问题的新想法。人们要看已经贴出来的想法，然后补充一个自己的想法。想法可以是匿名的，也可以是署名的——看你倾向哪一种。最明显的答案往往是最先贴的，所以你在这个过程中加入得越晚，你就必须越有创造性。当你希望人们仔细思考一个问题然后补充一个深思熟虑的想法时，这种方法很好。

附录 B　水平思考题的答案

地铁问题

工程师将灯泡更换为左旋或逆时针螺纹，而不是传统的右旋或顺时针螺纹。这就意味着盗贼们认为他们试图拧开灯泡时，实际上是在拧紧灯泡。

文化遗产破坏者

文化遗产当局安排了一些与巴台农神庙来自同一采石场的大理石碎片，每天在景点周围散发。游客们认为他们从神庙的石头中捡了一块，感到满意。

鞋店的洗牌

鞋店在商店外摆放单只鞋作为陈列用。一家店里摆的是左脚的鞋，另外三家店摆的是右脚的鞋。小偷偷走了陈列的鞋，但为了配成对，所以从摆左脚鞋的店里拿走了更多的鞋子。经理换成摆右脚的鞋，被盗窃的数量就大幅下降了。

学校检查

在督学员到达之前，老师告诉学生，如果他们不知道答案或不确定，就举左手。如果他们确定知道答案，就举右手。老师每次叫不同的学生，但总是叫举右手的学生。监督员当然会留下很好的印象。

山火

他们买山羊或者租山羊，在山坡上吃草。山羊是食草动物，让它们沿着坡往下吃草，这样就能吃到用其他方法难以去到的陡坡。山火显著减少。

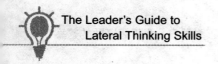

椰子百万富翁

该男子是一位慈善家，他购买了大量的椰子，以穷人可以承受的价格卖给他们。他本是亿万富翁，却在自己的伟大举措中损失了很多钱，成为百万富翁。如果你认为成为百万富翁的唯一途径是通过自己的方式攒到这个水平的财富，你就做了一个妨碍你回答这个问题的假设！

错误的号码

营销经理打电话给发电话号码的公司并买下了这个号码。该线路被重定向到呼叫中心，然后邮件被发送出去。

两个城市

这两个城市（city）是诚实（veracity）和虚伪（duplicity）。你是否认为它们是分别含有真相和谎言的两个真实的城市？

股票经纪人

他首先列出了 800 名富有的人，并给其中一半的人发出预测说 IBM 的股票下周会上涨，而给另一半发预测说 IBM 的股票下周将下跌。IBM 的股票下跌了，所以他选择了收到正确预测的 400 人。他给其中的 200 人发预测说通用电气公司的股票下周将上涨，给另外的 200 个发预测说通用电气公司的股票下周将下跌——他继续这个过程，直到有 25 人连续五次得到他正确的预测。他找出这 25 人，并说服其中几人把他们的股票投资组合交给他。

不寻常的想法

答案是吹风机、割草机和千斤顶。你为什么认为这是一样东西？（如果你把这三样东西结合起来，会发生什么？）

价格标签

这种做法的起源是为了确保店员必须打开柜台为每笔交易找零钱，以便将每笔交易都记录下来，防止店员将钱放进自己的口袋。

在沙漠中迷路

这两个人彼此不认识，开始时是分开的。你以为他们是从同一个地方开始走路的吗？

七个铃

这本来是一个错误，但店主发现，有这么多人来到店里指出这个错误，给他带来了生意。

面试题

在面试的许多候选人中，只有一位给出了这个答案，这被认为是最好的。你把车钥匙交给你的老朋友，让他把老人送到医院，而你和你的梦中人一起在公交车站等候。

单手换灯泡

保留收据并回到店里换灯泡！

重大收益

他把帐篷里结实的棉布料剪下来，用来制作裤子卖给矿工。这个人的名字是李维斯·特劳斯。通过适应市场条件和创新，他创造了一个持续至今的品牌。

加州的金门大桥

金门大桥不是平的；它有一个拱门。它被设计成这样是为了承受重载。当管制员必须让很高的起重机从桥下过时，他们判断潮汐，并停止

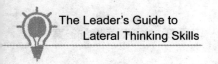

所有的交通，使桥达到最高的间隙。大桥重 88.7 万吨，间隙可达 220 英尺（取决于潮汐）。

火车晚点

火车是 22 点 10 分的（英语读作"twenty-two ten），这个人误以为差 20 分 10 点（twenty to ten）。这表明了检查你的假设的重要性！

易捷航空

易捷从他们不提供免费饮料的政策中获得的第二个好处是，他们可以在飞机上减少一个盥洗室，因为人们对盥洗室的需求减少。这将腾出更多空间来放更多座位。